高等学校教材

互联网地理信息系统原理与方法

Principles and Methods of Internet Geographic Information System

王艳军　编著

测绘出版社
·北京·

内容简介

本书全面系统地阐述了互联网地理信息系统相关的基本理论、实现方法与应用技术，详细介绍了计算机网络技术、平台基本架构、开发技术实现与框架设计解析。引导启发式地展示了互联网地理信息系统在具体工程实践中的应用案例，为快速掌握和理解互联网地理信息系统设计与实现提供参考。

本书可作为地理信息科学、测绘工程、地图制图与地理信息工程、地图学与地理信息系统、遥感科学与技术等专业的本科与研究生的课程教材，也可供有关专业的工程技术人员学习参考。

图书在版编目（CIP）数据

互联网地理信息系统原理与方法 / 王艳军编著 .
北京 : 测绘出版社 , 2024. 12. - -（高等学校教材）.
- - ISBN 978-7-5030-4531-8

Ⅰ. P208

中国国家版本馆 CIP 数据核字第 2024MT8584 号

互联网地理信息系统原理与方法
Hulianwang Dili Xinxi Xitong Yuanli yu Fangfa

责任编辑 云　雅　　**封面设计** 李　伟　　**责任印制** 陈姝颖

出版发行	测绘出版社	**电　话**	010-68580735（发行部） 010-68531363（编辑部）
地　　址	北京市西城区三里河路 50 号		
邮政编码	100045	**网　址**	https://chs.sinomaps.com
电子邮箱	smp@sinomaps.com	**经　销**	新华书店
成品规格	184mm × 260mm	**印　刷**	建工社（河北）印刷有限公司
印　　张	9.25	**字　数**	237 千字
版　　次	2024 年 12 月第 1 版	**印　次**	2024 年 12 月第 1 次印刷
印　　数	1–500	**定　价**	35.00 元

书　　号 ISBN 978-7-5030-4531-8
本书如有印装质量问题，请与我社发行部联系调换。

前 言

地球空间信息科学已经进入以“网络地理信息系统和服务”为主要特征的新地理信息时代，云计算、物联网和语义网等新技术越来越普适化，新的全球对地观测系统不断进步，获取的空间数据越来越海量化，数据的集成共享和现势性需求越来越迫切，功能应用的松散耦合和在线互操作模式越来越流行，遵循开放式地理空间信息联盟（OGC）制订的开放地理信息互操作标准规范和基于面向服务的体系结构（SOA）构建的互联网环境下分布式地理信息处理平台越来越引起研究者的重视。海量多源多尺度异质异构地理数据的方便集成、快速融合和聚焦共享，功能设计和技术实现的松散化、粒度化和可扩展化，系统应用的大众化、开放性和多样性，都是互联网地理信息系统的特点和面临的挑战。同时，传统的地理信息系统方式也不再满足现实应用需要，有必要从单机封闭式系统向开放互操作平台发展，从静态数据管理向动态实时/准实时在线业务处理发展，从单专题管理信息系统向分布式网络环境下空间信息服务的应用方式发展。

本书针对这方面的问题需求进行互联网地理信息系统的阐述，围绕涉及的计算机网络理论、地理信息系统和空间信息服务等技术，提出了分布式网络与云计算环境下的互联网地理信息系统的构建和应用模式，研究了当前流行的设计与实现技术，包括互联网地理信息系统的体系结构、设计模式、开发方式与功能应用。本书将互联网地理信息系统设计原理与开发方法应用于智慧城市及其专题应用示范建设的丰富案例实践中。

本书涉及内容较为广泛，基本原理和设计技术细节阐述详尽，资料素材和实践案例丰富，涉及专题应用较广。具体章节和内容结构安排如下：第1章为绪论，主要介绍互联网地理信息系统的概念、产生背景、组成与功能及其发展趋势；第2章为计算机网络的基本理论，包括计算机网络概述、相关协议、Web相关概念、计算机网络的发展，侧重讲解计算机网络相关知识；第3章为互联网地理信息系统的基本体系架构，包括互联网地理信息系统的体系结构、结构组成、组合方式等，是互联网地理信息系统设计的基础；第4章为互联网地理信息系统技术与实现，包括客户端、服务器端、中间层及开放互操作实现；第5章为互联网地理信息系统常用平台开发技术，包括开发平台概述、基于ArcGIS Server的开发方法、基于天地图API的开发方法和基于OpenLayers API的开发技术及其开发示例；第6章为开源互联网地理信息系统平台与指南，介绍了开源互联网地理信息系统平台和基于GeoServer的开发方法；第7章为互联网地理信息系统框架设计。

由于编著者水平和能力有限，本书不足之处，敬请读者不吝批评指正。

目　录

第 1 章 绪 论

地理数据是空间信息的载体，表达了人类对地球表面空间位置与地理现象的关联理解。现实世界是复杂多变的，自然现象和活动大都与地理空间位置相关。在空间信息科学领域，这些海量地理数据及信息的网络集成共享成为空间信息科学应用的重要基础和前提，互联网地理信息系统也随之产生。同时，网络数据和信息在线处理面临的问题和需求，促使互联网地理信息系统理论与技术不断更新演进，是地理信息学科研究和实际应用的重要课题。

1.1 互联网地理信息系统的概念

地理信息系统是关于地球及其周围地理现象空间数据获取、存储、管理、分析和显示的信息系统，主要包括计算机硬件、数据、软件系统和用户等部分。自加拿大的汤姆林森（Tomlinson）在20世纪60年代提出地理信息系统（geographic information system，GIS）以来，地理信息系统在其60多年的发展历程中已经取得了很大成就，并广泛地应用于土地利用、资源管理、环境监测、交通运输、城市规划、经济建设及政府各职能部门。地理信息系统在60多年的发展历程中，大致经历了20世纪50年代末至20世纪60年代初的起步阶段、20世纪80年代后的发展阶段、20世纪90年代的行业普及阶段和21世纪后的大众化服务阶段。目前，地理信息系统正处于大众化服务阶段，各种计算机、网络、高性能计算和信息科学等新技术，促进了地理信息获取的实时化、处理的自动化、服务的网络化和应用的社会化。

随着计算机技术和网络技术的进一步发展，地理信息产品广泛地被社会大众使用，为其服务，国际组织开放式地理空间信息联盟（Open Geospatial Consortium，OGC）制订了一系列标准规范，实现分布式网络环境下的空间信息和处理功能的共享和互操作，主要包括网络地图服务（web map service，WMS）、网络覆盖服务（web coverage service，WCS）、网络要素服务（web feature service，WFS）和网络处理服务（web processing service，WPS）等。特别是随着Web2.0、下一代互联网、传感器网络、云计算、物联网、语义网、大数据和人工智能的出现及深入发展，计算资源已经从单机、局域网、互联网发展到移动物联网、分布式计算和语义网的普适云计算。地理信息软件体系结构从面向过程、面向对象发展到面向服务架构，而分布式网络环境下的空间信息也从数据共享、信息共享走向以计算能力、存储能力和交互能力为主的服务共享。武汉大学李德仁院士和邵振峰教授总结了这些最新的学科发展趋势，并提出了“新地理信息时代”的概念，引起学界的广泛关注和赞同，可随时随地获得个性化的按需空间信息服务是新地理信息时代的典型特征。在此基础上，数字地球和智慧地球的概念、理论、技术和前景也正在成为现实。

互联网地理信息系统是以各种互联网络为载体并使用其存储、组织、管理、分析和可视化地理关联信息的地理信息系统；是将泛在互联技术与地理信息系统技术结合在一起，从而能够进行各种便利交互操作的地理信息系统；是一种大众化、开放化和灵性化的地理信息系统，涉及网络环境下地理信息模型、传输、管理、分析、应用的理论与技术。

互联网地理信息系统是一个交互式的、分布式的、动态的地理信息系统，由多主机、多数据库与多终端构成，通过多种形式的有线网、无线网等泛在网络连接。在互联网地理信息系统中，通过设定统一的地理信息代理机制和协议，用户可基于浏览器通过分布式网络获取和发送地理信息，操作地理信息系统数据库。

互联网地理信息系统的核心是在地理信息系统中嵌入互联网的通信协议（主要为超文本传输协议（hypertext transfer protocol，HTTP）和传输控制协议/互联网协议（transmission control protocol/internet protocol，TCP/IP））标准，实现互联网环境下的空间信息管理。

互联网地理信息系统的应用方向可以分为两大类：

（1）基于互联网的公共信息在线服务，如为公众提供交通、旅游、餐饮娱乐、房地产、购物等与空间信息有关的信息服务。

（2）基于互联网的企业内部业务管理，如帮助企业进行设备管理、线路管理以及安全监控管理等。

互联网地理信息系统应用一般分为五个层面：空间数据采集获取、空间数据组织管理、空间数据共享发布、空间数据处理共享应用、空间信息增值服务。

本书主要围绕以下几个方面展开论述：

（1）系统全面地阐述互联网地理信息系统与服务的概念、理论、方法与技术。

（2）详细深入地描述计算机网络技术和地理信息系统在互联网地理信息系统平台构建中的作用和地位，并结合当前的下一代互联网、网格技术、云计算和智慧城市，讲述互联网地理信息系统的发展趋势。

（3）引导启发式地展示互联网地理信息系统在具体工程实践中的应用案例，为快速掌握和理解互联网地理信息系统设计与实现提供参考。

1.2 互联网地理信息系统的产生背景

地理空间信息是一种基础性和战略性信息资源，对国家建设、经济发展及国家安全具有十分重要的作用和意义，各国政府、企事业单位和普通公众等较重视和关心地理空间信息的研究和应用。国内外学者对网络地理信息系统和服务等科学研究较关注，在空间数据集成和共享、空间信息服务和地理数据更新方面取得了不少成果。在新地理信息时代背景下，数字城市和智慧城市引起各级政府、企事业单位和普通公众的广泛重视。国内外学者基于空间信息科学已经取得的成果，如空间信息网格、空间数据基础设施（spatial data infrastructure，SDI）、分布式地理信息处理（distributed geographic information processing，DGIP）、地理空间框架和空间信息服务等，结合面向服务的体系结构（service-oriented architecture，SOA）、地理本体、语义网和云计算等新技术进行了较多前沿研究。

1.2.1 地理信息系统发展介绍

海量多源异质异构空间数据需要实现数据来源不同但可被快速获取，格式结构不同但可满足相互访问和调用的问题，这就需要应用空间数据集成和共享技术解决不同应用系统间地理空间数据或信息的互操作应用问题。

1.国外关于空间数据集成和共享的研究现状

在社会信息化对地理空间数据的强烈需求及其推动作用下，国外在空间数据基础设施、多源异构空间数据集成融合、分布式地理空间信息处理及数字城市研究方面起步较早，并已取得显著成果。

1993年2月，美国总统克林顿签署法令，建设全美的信息高速公路，将信息技术推广到人们的日常生活中，并扩展到全世界。1994年4月，克林顿又签署了《协调地理空间数据的获取与访问：国家空间数据基础设施》的行政令，为信息高速公路生产提供地理空间数据。从其自身利益和全球政治、经济、军事战略的目标出发，1998年1月，美国副总统戈尔提出了"数字地球（digital earth, DE）"的概念，认为"数字地球"是指以地球坐标为依据的、具有多分辨率的、由海量数据组成的、能立体表达的虚拟地球，并将数字地球描述为一个可以嵌入海量地理数据的、多分辨率的真实地球的三维表示，近年来迅速发展的信息技术、空间数据基础设施和地球对地观测等也促进了"数字地球"的深入发展。美国地质调查局（United States Geological Survey, USGS）负责美国地理空间数据框架的建设，该框架将提供一个数据共享的基础，任何组织和机构可以在其上添加其他专题数据或者增加专题信息应用，可为美国农作物生长期遥感监测等应用提供支持。2010年，美国联邦地理数据委员会（Federal Geographic Data Committee, FGDC）提出构建地理空间信息平台，推动地理空间数据、服务及应用的共享，为各级政府提供支持，由提供权威数据的部门承担主要职能并进行管理，为政府机构和合作伙伴提供可被共享的基础设施。美国联邦地理数据委员会实施地理空间信息平台策略带来的优势包括：各应用机构将采用一套通用的地理空间信息政策、规程、标准和数据模型协同工作；提供权威的、可互操作的地理空间信息和工具；采取适当激励措施，确保公平分摊技术上的投资费用，节约成本，实现不断进步和创新。

英国军械测量局支持的英国数字国家框架（digital national framework, DNF）是一种数据集成化、自动化的信息服务模式，基于成熟的标准及应用，采用唯一标识、一体化表达、增量更新等技术手段，生产和构建地理实体，以满足多种空间或非空间信息集成应用的需求。其构成主要包括三个方面：①DNF模型（模型层面），协调DNF基本规则、参考模型、空间和时间参考模型及转换模型、对象模型、数据关联模型等；②数据注册（操作层面），实现标识管理、特征或对象目录及分类、术语、量测的一致性等的协调工作；③支撑条件，提供元数据、数据质量、数据交换、数据维护，以及其他需要的指导材料。DNF的任务和目标包括：鼓励和帮助数据提供者宣传他们拥有的地理信息数据，编制元数据库系统，使用户能够从互联网上找到所需数据；提供改进地理信息访问机制的指导建议，以帮助建立数据中介服务组织；寻求政府机构的支持，鼓励数据提供者使信息能为更多的人所应用；鼓励数据提供者使用DNF各种标准，以及所推荐的直接或间接使用的参考系统；协调元数据及其相关数据以此引进可信应用程序给客户；促进和刺激那些能够鼓励更大规模信息集成及其市场的发育；通过评价改进英国地理信息开发能力有关的事务、促进地理信息使用效益的提高，为信息的使用提出具体建议。

加拿大空间数据基础设施和集成共享持续发展及成功使用的最基本因素，是来自不同机构和学科的数据能够很容易地集成与应用。加拿大空间数据基础设施建设不仅保证现有的大量数据能够有效地被访问和使用，而且还给广大数据生产者和用户提供今后收集和维护数据所需要的基础设施，从而使一个在线的、分布式的、能更新和充分集成的国家地理信息集成建设成为现实，并提供一个数据基准图层作为可视化的参考系统，使各种新老数据集在地理空间上得以相互配准，免费提供给用户使用。其主要应用包括资源管理、海洋导航和航海制图、商业规划和运作、交通和运输、公众安全和灾害管理、公共卫生、应急反应、财产制图和环境评价等方面。

在已建立的空间数据基础设施和数字地球成果基础上，古德柴尔德（Goodchild）提出了地理信息科学概念和“人人成为自发传感器”的自发地理信息系统。国外研究者多关注分布式网络环境下的多源空间数据集成和融合，并进行共享和互操作研究，分布式地理信息处理的研究主要集中在以下六个方面：①分布式地理信息处理的架构；②空间计算问题；③地理信息处理模型；④共享地理信息处理单元的标准和接口，以及互操作问题；⑤分布式地理信息处理中的智能化问题；⑥科学应用问题。Gruber和Studer等提出用于知识共享的本体设计的基本原则，并被地理空间信息研究者广泛接受，并以此进行了借鉴和扩展。Couclelis研究了关注地理信息概念的地理本体论，提出语义缩减和问题对象概念表达为高层次概念组合的两种地理本体的构建方法。Peng则提出要素级别空间数据共享的框架，基于地理标记语言（geographic markup language，GML）编码和网络要素服务，以交通网络数据为例，使数据模型和语义一致，解决了数据更新传播问题。Lutz和Klien详细描述了基于本体的地理信息检索方法，通过本体方法、共享术语和领域本体建模，提供专门的概念和关系描述的应用本体，并通过表达地理要素类型的描述逻辑和用户查询，获取地理信息描述逻辑的查询概念，获取网络要素服务检索的查询过滤语言。Wang 等研究了一种空间信息聚类分析的本体框架，是特定的地理处理模型知识建模和本体推理尝试，对其他空间信息领域的本体及语义应用具有重要借鉴和指导作用。Yue 、Purves、Zhang、Mohammadi、Stock等研究者探讨了空间数据基础设施中数据集成互操作、要素类型目录（feature type catalogue，FTC）的语义注册中心，并结合网络地图服务、网络要素服务和地理语义网等，研究了空间要素的发现、检索，地球科学应用的处理规划和服务链应用程序框架。

近年来，随着大数据、云计算和人工智能等技术发展，国外学者在参与式地图制图、地理加权深度神经网络、自然语言中地理实体位置表达、空间层次聚类、城市三维制图等理论与技术方面取得新进展：将深度学习等算法应用于地图或符号生成，环境污染、地质灾害等地理事件预测，等等；研发大数据环境下的海量数据聚类、压缩、简化等算法；探索时空生成内容的空间关系、出发地-目的地数据可视化、定量化空间推理等技术。上述成果大力推动了地理信息系统集成共享研究的新发展。

2.国内关于空间数据集成和共享的研究现状

进入21世纪后，我国的计算机技术、数字化和网络化飞速发展，全球化、信息化成为当今世界的发展潮流和科学技术进步的主要动力，我国提出了“数字中国”的战略计划。“数字中国”建设被列入国家测绘事业“十一五”规划，广泛服务于人们的工作、生活，也给文化消费、人际关系等带来深刻变化，促进了社会文明进步。同时提高了我国的信息化水平、全球化水平、生态化水平、竞争力水平和公平化水平。

地理空间信息的共享是实现全球、地区、国家和区域范围内信息化的前提条件，是构造“数字地球”的关键技术之一，地理空间框架基础地理信息数据库作为最基本的空间数据集，为其他应用系统提供统一的空间定位基准，以实现各种信息资源按照地理空间位置进行融合，从而为信息化提供各种资源整合的地理信息公共平台。

“数字地球”的概念提出以后，中国科学院地学部于1998年11月初在北京香山召开了“资源环境信息与数字地球”研讨会，在此基础上形成《中国数字地球发展战略的建议》。2001年3月，建设基础国情、公共信息资源、宏观经济数据库及其交换服务中心，完善地理空间信息系统等列入第十个五年计划，并加快国家空间信息基础设施建设和应用。2006年，陈俊勇、许厚泽、刘先林、魏子卿、宁津生、李德仁、刘经南、张祖勋等八位院士在参加武汉大学测绘学科创建50年华诞暨新中国完整的测绘学科创立50周年活动之际，共同提出加快"数字中国"建设的倡议。原国家测绘局于2006 年启动了"数字城市地理空间框架建设示范工程"项目，拟通过在全国选择若干具备条件的城市作为试点，开展数字城市地理空间框架建设，总结经验，推动数字中国、数字省区的建设，并于2009年启动了国家地理信息公共服务平台的建设。目前，很多城市都已经开展了数字城市地理空间框架建设项目规划和实施，并作为推进本地区信息化的重大战略措施，将数字城市作为实现区域信息化的切入点和突破口。2010年10月，中国公众版国家地理信息公共服务平台"天地图"网站正式开通，随后不断更新版本并推出了"天地图"手机版，满足公众及企事业单位等的地理服务需求。2012年以来，我国又适时提出了智慧城市时空信息云平台，并在全国多个城市展开建设试点，不断发挥时空大数据与时空信息云平台在智慧城市建设中的重要作用，使其成为智慧城市建设的基础设施和时空基座。

在地理本体及语义领域，学者多借鉴哲学和计算机学科中"本体是概念化的、明确的规范说明"的定义并应用到地理信息领域，形成顶层本体、领域本体、任务本体和应用本体的框架分类层次，具有部分、所属、实例和属性等四种基本关系，并从地理本体扩展到语义表示和地理知识推理，以解决现实中存在的地理要素表示不一致和歧义等问题。研究者从很多方面对本体及语义在地理信息中应用进行了研究，包括形式化本体用于基础地理信息分类、空间拓扑关系语义扩展表示、本体驱动的异构空间数据集成、空间信息语义互操作、特定地理领域的本体知识建模等。

从较早出现的网络地理信息系统到分布式网格计算地理信息系统和基于SOA的空间信息共享，研究者做了较多的原理、框架和技术实现方向的研究，包括空间信息多级网格及其应用、网格节点的构建、城市网格化管理平台构建、国土资源网格化管理服务平台构建、多级异构空间数据库集成、网络环境下空间信息服务集成、空间数据和地理模型的分布式共享模式研究等。当前，较多学者着重从事服务架构与空间信息科学相结合的研究，主要有面向服务架构的数字城市共享平台、普适自发地理信息框架、遥感影像共享架构、海洋多源环境信息网络分析平台、空间信息服务注册中心、地理信息公共平台建设。研究者的研究方向从地理数据质量向空间信息服务质量发展，并进行服务质量（quality of service，QoS）感知的地理信息服务优化组合模型研究，在基于能力匹配和本体推理的网络地图服务发现方法、基于语义匹配和顾及上下文的空间信息服务组合等方面均取得了较有意义的成果。

由此可见，计算机网络技术的发展，使智能传感器与互联网地理信息系统相集成，实现空间信息的实时在线更新，可为用户提供可视化、可量测、可挖掘和可互操作的地理信息服务，这是按需服务的新地理信息时代的典型特征。同时，数字地球也正向智慧地球发展。

1.2.2　传统地理信息系统到互联网地理信息系统

通过空间数据集成和共享，可以实现不同来源数据的相互访问和融合，但要真正发展从原始数据到跨系统、跨平台、跨部门的开放应用和互操作，还需要借鉴计算机信息技术领域的Web Service（Web服务），利用统一开放、自描述、自包含可用网络的标准模块化接口，包括数据服务和操作服务等，为业务流程的集成互操作提供通用机制。按照开放松耦合系统设计模型和面向服务的体系结构，发布、注册和调用需要的各种空间信息服务，可建立复杂、开放和高级的应用系统。

国外学者对空间信息服务的研究，主要是将地理信息系统的应用和技术发展，与计算机网络、Web Service技术相结合进行研究，并取得了一系列的研究成果。在空间信息服务研究基础上，随着网络技术、地理本体和语义网的新发展，研究者结合这些新技术也重点研究了其在空间信息领域中的应用，并尝试解决地理信息科学中的信息孤岛、语义歧义和行业应用等问题。

随着开放空间信息服务发展，如网络地图服务及网络处理服务等，互联网上的大量OGC有效服务链接可用。在异质分布式环境下，如何根据类型、版本、时间、空间和比例尺等条件实现空间信息Web服务的检索成为网络空间信息应用系统的瓶颈问题。陈能成等提出了一种在万维网（World Wide Web，WWW）上基于扩展搜索引擎和服务性能匹配的高精度OGC的网络地图服务检索方法，主要组件包括网络地图服务搜索引擎、网络地图服务本体生成器、网络地图服务目录服务和多协议的网络地图服务客户端，其中网络地图服务本体可根据空间信息服务注册和管理的本体推理器生成。

同时，OGC的空间信息服务模式具有复杂元素结构、分布式和大尺度特征，并具有不同的元素名称，能够在不同版本间协同使用，而传统的匹配方法可能导致较差的质量甚至错误的结果。陈能成等基于片段扩展模式匹配方法，描述了OGC-Web服务（OGC Web service，OWS）模式文件分解、片段表达、片段标识、片段元素匹配和匹配结果的联合。不同版本的网络要素服务、网络覆盖服务模式匹配实验结果显示了基于片段扩展模式匹配方法的平均召回率大于80%，平均准确度达到了90%。

OGC制定的空间信息服务是国家和全球空间数据基础设施和空间数据仓库建设的重要内容，网络地图服务、网络覆盖服务、网络要素服务、网络处理服务已经在科学应用中越来越广泛地采用。互操作服务能够适应不同科学应用系统的集成，可用于海量空间数据及空间信息服务的搜索、查找、应用，但是这些大量的服务和数据是分布式存储和管理的，因此不易满足性能需要。 李振龙等关注在分布式网络环境下OWS资源的集成问题，提出了基于层和SOA的相关搜索和资源应用的优化技术，包含以下内容：①基于异步JavaScript和XML技术（asynchronous JavaScript and XML，AJAX）的异步多目录搜索方法；②一种基于层的空间、时间和性能优化的搜索引擎，可用于较适合服务的标记；③服务性能管理方法，发展用于统计实验空间信息服务的标识。

近年来，国内学者对空间信息服务的研究较多，主要基于技术发展和学科应用，结合不同领域的实际需要，重点研究了空间信息服务的应用理论、模式和技术，并取得了较多实际成果。

李德仁等提出面向服务的数字城市共享平台框架和国土资源管理，应用SOA和ArcGIS Server开发框架，设计了数字城市空间信息共享平台，创新国土资源网格化管理与服务。李德仁和邵振峰提出的“新地理信息时代”引起了测绘科学界广泛关注，通过研究新地理信息时代存在的主要典型特征，如服务对象方面扩大到大众用户、用户同时是空间数据和信息的提供者、传感器网络将数据从死变活、按需求提供服务等，分析了新地理信息时代将带来的地理数据组织、质量更新、服务安全、信息爆炸、共享隐私和产权等方面的问题，以及其对地球信息科学和地理信息产业的影响，并从标准、规划、法律、技术和应用等方面探讨了积极的应对策略。李德仁等又提出了“从数字地球到智慧地球”，促进了测绘领域中智慧地球的理论和应用研究。谭喜成和边馥苓研究了适应分布式虚拟地理环境的对等网络服务模型。马洪超等探讨了基于SOA和地球空间网格环境的遥感产品虚拟化问题，以推动遥感产品数据处理系统的发展。吴华意和章汉武等提出了地理信息服务质量概念，并描述了其研究框架和评价的原型系统，将空间数据质量研究向空间信息服务质量研究的方向发展。李德仁和胡庆武发展了基于可量测实景影像的空间信息服务，以及可量测实景影像与传统测绘产品的集成应用。进而，学者们陆续研究了基于信息资源目录体系的网络信息检索方法，可用于网络环境下空间信息服务的检索和查询；设计了基于多级异构空间数据库的地理信息公共平台服务机制，实现多源异构空间数据向网络地图服务转化，从而应用于数字城市公共平台。

近年来，随着数字与智慧城市概念的发展，人工智能、建筑信息模型（building information model，BIM）、数字孪生等与互联网地理信息系统的集成应用越来越受关注，这也使互联网地理信息系统的跨界融合模式不断创新。建筑信息模型与地理信息系统的集成方法主要有数据转化、本体论和数据集合三种模式，集成方法主要应用于建筑设计、工程管理、城市管理等方面。对地理大数据的采集、存储、管理、共享、关联分析和可视化展示，可建立一种新的地理信息数据管理和分析模式，满足国情监测、基础测绘、地籍调查、资源审计等多元应用需求。同时，学者们也提出以"地理大数据仓库"为建设理念，构建数据生态模型，建成"标准统一、信息全面、富有活力、随需而变、方便易用"的以地理大数据为核心价值的一站式地理大数据智能化平台，实现地理大数据可视化、动态化的智能分析，快速响应，最大限度地发挥数据的价值，让数据成为生产力。物理空间、社会空间和信息空间共同构成人类社会的三元空间，而智慧城市是三元空间条件下城市的智慧化转型，基本工程逻辑是建立城市物理空间和社会空间到信息空间的映射，再通过信息空间回馈物理空间和社会空间，进而优化城市系统，解决城市问题。郭仁忠等分析了面向智慧城市的地理信息系统在数字化、可视化、智能化和开放式开发框架等方面的技术需求，提出了面向智慧城市的地理信息系统框架，探讨了需要重点聚焦的统一数据平台构建、数字孪生及可视化、双向同步的空间智能、开放式平台服务等关键研究内容。

同时，人工智能（artificial intelligence，AI）地理信息系统已经广泛应用于遥感数据分析、水资源研究、空间流行病学和环境健康等地学领域，与传统地理信息系统模型相比大大提高了对非结构化遥感影像或街景影像和文本的地理信息提取和特征理解能力，显示出巨大的价值和发展潜力。根据人工智能与地理信息系统的结合关系，研究者提出了人工智能地理信息系统由地理空间智能算法、人工智能赋能地理信息系统和地理信息系统赋能人工智能三部分组成的观点，以促进人工智能技术与地理信息系统技术的进一步融合和发展，实现地理智能。针对地理信息系统软件在云计算环境下的新的软件部署和单个领域应用模式的局限，有学者分析了云地理信息系统服务平台在数据管理、地理计算、地理信息制图与终端服务、专题应用系统构建和网络应用与服务模式五个方面的技术特征，设计了"存储-计算-服务"一体化的云地理信息系统平台技术架构，并探索分析了目前云地理信息系统平台的应用现状和基于云计算的地理信息服务创新模式。

因此，随着智慧城市、数字孪生、人工智能、大数据、云计算等新一代信息技术的迅速发展，空间信息服务和互联网地理信息系统也逐渐呈现出信息融合和技术集成的特色和发展趋势，成为当前地理信息系统技术应用的主流方向。

1.3 互联网地理信息系统的组成与功能

1.3.1 互联网地理信息系统的组成

一般地，互联网地理信息系统主要由以下五个部分构成。

1. Web服务器

用户要访问Web页面及其他资源，必须事先有一个服务器来提供Web页面和这些资源，这种服务器就是Web服务器，也称为网站服务器。

2. 地理信息系统服务器

地理信息系统服务器为系统提供基本的地理信息处理、分析算法和工具，是支持互联网地理信息系统实现空间分析与应用的核心组成部分。

3. 数据服务器

数据服务器是大型互联网地理信息系统的数据存储和数据库管理模块，能够实现对海量多源多尺度地理关联和属性数据的添加、删除、查询和修改等。

4. 客户端

用户一般是通过浏览器等客户端访问互联网地理信息系统资源的，客户端即各类应用终端。

5. 通信协议

客户端和服务器之间采用HTTP和TCP/IP协议进行通信，这是用户浏览器和互联网服务器进行消息传输的基础。

1.3.2 互联网地理信息系统的功能

从Web服务器的任意一个节点，互联网用户可以浏览互联网地理信息系统网站中的空间数据、制作专题图，以及进行各种空间检索和空间分析。通过互联网地理信息系统可以进行空间数据发布、空间查询与检索、空间模型服务、Web资源组织等。

互联网地理信息系统可充分利用互联网的特有优势，用户不必在本地计算机上安装地理信息系统软件就可以通过互联网访问远程地理信息系统数据和地理信息处理算法，进行空间分析和地图可视化表达。互联网地理信息系统在各类终端上提供可交互的地图和数据，从而实现全球化、大众化的跨平台应用。

1.3.3 互联网地理信息系统的典型特征

1. 互联网地理信息系统是集成的全球化的客户-服务器网络系统

客户-服务器的概念就是把应用定义为服务器和客户端两者间的任务，一个客户-服务器应用有三个部分，即客户端、服务器和网络，每个部分都由特定的软硬件平台支持。客户端发送请求给服务器，然后服务器处理该请求并把结果返回给客户端，客户端再把结果或数据提供给用户。

互联网地理信息系统应用客户-服务器概念来执行地理信息系统的分析任务，它把任务分为服务器端和客户端两部分，客户端可以向服务器请求数据、分析工具，服务器执行客户端的请求并把结果通过网络送回给客户端，或者把数据和分析工具发送到客户端供用户调用或使用。

2. 互联网地理信息系统是交互系统

互联网地理信息系统可使用户在互联网上操作地理信息系统中的地图和数据，用Web浏览器(IE、FireFox等)执行部分基本的地理信息系统功能，如缩放、漫游、移动、查询和标注；可执行空间查询，如“离你最近的旅馆或饭店在哪儿”；甚至进行更先进的空间分析，如缓冲分析和网络分析等。在Web上使用互联网地理信息系统就与在本地计算机上使用桌面地理信息系统软件一样。

通过超链接，在互联网上WWW为用户提供了最自然的交互性。通常用户通过超链接所浏览的Web页面是由WWW开发者组织的静态图形和文本，这些图形大部分是JPEG格式和GIF格式的文件，因此用户无法操作地图，甚至连像缩放、漫游、查询这样简单的分析功能都无法执行。

3. 互联网地理信息系统是分布式系统

地理信息系统数据和分析工具是独立的组件和模块，互联网地理信息系统利用分布式系统把地理信息系统数据和分析工具部署在网络的不同计算机上，用户可以从网络的任何地方访问这些数据和应用程序，即不需要在本地计算机上安装地理信息系统数据和应用程序。只要把请求发送到服务器，服务器就会把数据和分析工具传送给用户，达到实时或准实时的性能。

4. 互联网地理信息系统是动态系统

由于互联网地理信息系统是分布式系统，数据库和应用程序部署在网络的不同计算机上，并由其管理员进行管理。因此，这些数据库和应用程序一旦由其管理员进行更新，则它们对于互联网上的每个用户来说都将是最新可用的数据和应用。这也就是说，互联网地理信息系统和数据源是动态链接的，只要数据源发生变化，互联网地理信息系统将得到更新，并且与数据源关联的动态链接将保持数据和应用程序的现势性。

5. 互联网地理信息系统是跨平台系统

互联网地理信息系统可以访问不同的平台，而不必关心用户运行的操作系统(如Windows、UNIX/Linux、macOS)是什么，互联网地理信息系统对任何计算机和操作系统都没有限制。只要能访问互联网，用户就可以访问和使用互联网地理信息系统。随着Java、ASP.NET编程语言技术的发展，未来的互联网地理信息系统可以做到“一次编写，到处运行”，从而使互联网地理信息系统的跨平台特性走向更高层次。

6. 互联网地理信息系统能访问互联网异构环境

在地理信息系统用户组间访问和共享GIS数据、功能和应用程序，需要很高的互操作性。开放式地理数据互操作规范向地理信息系统互操作性提出了基本的规则。其中有很多问题需要解决，如数据格式的标准、数据交换和访问的标准、地理信息系统分析组件的标准等规范。随着互联网技术和标准化的飞速发展，完全互操作的互联网地理信息系统将会成为现实。

7. 互联网地理信息系统是图形化的超媒体信息系统

使用超媒体系统技术，互联网地理信息系统通过超媒体链接可以联通不同的地图页面。例如，用户可以在浏览区域地图时，通过单击地图上的链接，进入相应的省地图进行浏览。另外，互联网为地理信息系统提供了集成多媒体信息的能力，把视频、音频、地图、文本等集中到同一互联网页面内，极大地丰富了地理信息系统的内容和表现能力。

1.4 互联网地理信息系统的发展趋势

地理信息系统的发展经历了从专业地理信息系统向大众地理信息系统的演变过程，其系统集成也相应地经历了从传统地理信息系统向分布式、智能化、虚拟现实地理信息系统变化的过程。由此可以看出，地理信息系统始终是向高性能、低成本、开放性、互操作性和灵活性的方向发展的。因此，随着空间理论和网络技术的飞速发展，互联网地理信息系统从技术上将向着更具有互操作性和更加开放化、网络化、分布化、移动化、可视化的方向发展，从应用上将向着更高层次的数字地球、地球信息科学及大众化的方向扩展。

1. 互操作和开放式地理信息系统的应用

目前互联网地理信息系统在空间数据处理方面面临着网上数据发布和互操作、网上数据挖掘和数据管理等挑战。如何能使不同格式、不同代码、不同标准体系的数据和不同比例尺、不同精度、不同时序的地理空间信息进行互操作、共享，已成为互联网地理信息系统进一步发展中亟待解决的问题。互操作地理信息系统（interoperable GIS）、开放式地理信息系统（OpenGIS）的出现和地理标记语言（GML）的应用为解决这些难题提供了很好的方法。

互操作地理信息系统是一个新的地理信息系统集成平台，它能实现在异构环境下多个地理信息系统或应用系统之间的相互通信和协作，从而完成某一特定任务，而且这一过程对于实现语言、执行环境和建立模型是透明的。OpenGIS是指在计算机网络环境下，根据开放式地理信息系统协会所提出的开放地理互操作规范和软件框架构建的地理信息系统。它将地理信息系统技术、分布式处理、面向对象方法、数据库设计及实时信息获取方法有效地结合起来，使地理信息系统始终处于一种有组织、开放的状态，从而使它们具有良好的互操作性，这是互联网地理信息系统一个重要的发展方向。GML是OGC制定的基于可扩展标记语言（extensible markup language，XML），用于地理信息表达、网络制图和互联网地理信息系统的标准规范，它能将地理信息的内容与表现形式分离，方便快捷地实现各类地理空间数据（包括矢量、栅格、点云、三维模型等）的网络在线传输、共享、符号制图、地理分析和可视化表达，因而较适合解决互联网地理信息系统的互操作问题，目前已被大多数的地理信息系统厂商和业务系统推广应用。地理信息共享和互操作的迫切应用需求，使互操作和开放式的互联网地理信息系统的应用将变得越来越普及，成为地理信息系统的主流。

2. 下一代高速互联网与地理信息系统的结合

目前，互联网地理信息系统还不能很好地解决地理空间数据复杂应用的一个主要原因是受限于第一代互联网的带宽瓶颈。下一代互联网是指高性能的计算机及其通信协议，它将提高网上信息的传输速率。2021年工业和信息化部发布《“双千兆”网络协同发展行动计划（2021—2023年）》，推动以千兆光网和第五代移动通信技术（5th generation communication technology，5G）为代表的“双千兆”网络建设，向单个用户提供固定和移动网络的千兆接入能力。该网络具有超大带宽、超低时延、先进、可靠等特征，是新型基础设施的重要组成和承载底座。

下一代高速互联网涉及超高速光纤传输、下一代光网络技术和第五代移动通信技术或第六代移动通信技术（6th generation communication technology，6G）、“IPv6+”技术等核心技术的研发和标准研制，是国家网络基础设施和科技创新的重要支撑，关系到赋能行业变革和数字化转型。互联网地理信息系统是地理信息系统技术与互联网的高度结合，相信随着下一代互联网技术的发展，互联网地理信息系统的数据传输瓶颈将被打破，互联网地理信息系统的应用效率将得到更大的提高。

3. 基于云计算的智慧城市地理信息系统

分布式的互联网地理信息系统使得利用互联网作为分布式计算平台来构建一个物理上分布、逻辑上统一的地理空间信息系统成为现实。这种系统可以管理和处理分布在网络上的空间数据，集成各种空间服务，从而更方便、快捷地提供网上地理信息服务。分布式的互联网地理信息系统应用已从基于Web浏览器的简单显示，发展到了基于互联网的功能综合，远程的用户可以使用普通地理信息系统数据，并与其他用户实现实时通信。分布式的互联网地理信息系统的出现使地理信息系统的功能和应用范围得到了很大的提升，随之而来的云计算则拓展了互联网地理信息系统的操作模式和应用范式。

云计算是分布式计算的一种，通过网络"云"将巨大的数据计算处理程序分解成无数个小程序，通过多部服务器组成的系统，处理分析这些小程序，并将得到的结果返回给用户。云计算通过计算机网络形成的计算能力极强的系统，可存储、集合相关资源并可按需配置，向用户提供个性化服务，包括基础设施即服务(infrastructure as a service，IaaS)、平台即服务(platform as a service，PaaS)和软件即服务(software as a service，SaaS)。按照具体架构和操作模式分为公有云、私有云和混合云等。基于云计算，互联网地理信息系统可充分利用虚拟化、动态可扩展、按需部署等优势技术，具有高灵活、可扩展和高性比等显著特点，涉及的大多数互联网技术资源、数据、存储网络、操作系统和开发软硬件等，都可以通过云端系统操作，并进行应用，形成云地理信息系统。2012年，随着智慧城市的发展，在地理空间框架的基础上，地理空间数据库的时间维度扩展为时空数据库，并结合云计算和物联网技术演进为时空信息云平台。2015年，时空信息云平台融入大数据技术，进一步演进为时空大数据与时空云平台。2019年，时空大数据与时空云平台正式定名为时空大数据平台。至今，智慧城市时空大数据平台已成为地理信息系统政府应用和智慧城市的时空基础设施或"操作系统"，为城市提供公共性和基础性的时空数据资源、基于时空框架的信息整合共享机制(一张图模式)和时空信息服务，在城市规划、建设、管理和服务等多领域发挥重要作用。

4. 基于虚拟现实和增强现实技术的互联网地理信息系统

虚拟现实(virtual reality，VR)和增强现实(augmented reality，AR)是目前互联网地理信息系统发展的另一个前沿领域。虚拟现实技术涉及三维图形技术、网络通信技术、数据库、人工智能等，是一种最有效的模拟人在自然环境中视、听、动等行为的高级人机交互技术，通过虚拟建模语言将地理信息系统数据转换到虚拟现实中，为人们提供一个逼真的模拟环境。增强现实技术是将虚拟信息与真实世界巧妙融合的技术，运用多媒体、三维建模、实时跟踪及注册、智能交互、传感等多种技术，将计算机生成的文字、图像、三维模型、音乐、视频等虚拟信息进行模拟仿真并应用到真实世界中，两种信息互为补充，从而实现对真实世界的"增强"。

基于虚拟/增强现实技术，互联网地理信息系统可以构建一种虚拟仿真或与现实相互交互的真三维/多维客观世界，并涉及三维和四维建模、海量数据存储、多维信息可视化、多维空间数据建库等技术。在由上述技术创造出的"虚幻"互联网地理信息系统环境中，互联网地理信息系统将能够更加有效地管理和分析现实空间、网络空间、信息空间等的实体数据，并实现组织、管理、操作和分析此多维空间所融合的丰富信息，完成对真实世界和虚拟世界的等同交互操作。因此，基于虚拟/增强现实技术的互联网地理信息系统是最吸引人的地理信息系统发展方向之一，目前较流行的数字孪生城市、实景三维、元宇宙等都是有广阔发展前景的前沿领域。

5. 基于移动地理信息系统的互联网泛在应用

随着手机、平板电脑等移动终端设备的普及,移动通信技术和无线定位技术作为移动互联网领域的研究热点,已经显示出巨大的应用前景和市场价值。移动通信技术、无线定位技术和互联网地理信息系统的结合形成了移动地理信息系统和无线定位服务。它们一方面可以使地理信息系统用户随时方便、双向互动地获取网络提供的各种地理信息服务,另一方面可以使地理信息随时(anytime)随地(anywhere)地为任何人(anyone)、任何事(anything)进行服务(即4A服务),如个人位置信息服务、车辆导航定位与跟踪、个人安全与紧急救助等。这些服务与人们的日常生活息息相关,随着它们的日渐普及,互联网地理信息系统的功能和应用将得到极大的拓展和延伸,地理信息系统也将真正地走向大众化和社会化,移动地理信息系统在导航定位和位置增值服务方面将远超传统地理信息系统。因此,移动地理信息系统具有广阔的发展前景。

第 2 章 计算机网络的基本理论

互联网地理信息系统以计算机网络为基础，在进行互联网地理信息系统基本原理设计与实现研究时需要对计算机网络基本理论有个初步了解。本章首先介绍了计算机网络的概念、发展，接着讲述了计算机网络的特征和功能，并探讨了计算机网络的扩展。本章重点阐述了计算机网络的基本理论，为互联网地理信息系统设计与开发提供支撑。

2.1 计算机网络概述

计算机网络是将地理位置不同、具有独立功能的多个计算机系统通过通信设备和线路连接起来，以功能完善的网络软件实现网络中资源共享的系统。

2.1.1 计算机网络的发展

计算机网络的发展阶段及每个阶段的特点如下。

远程联机系统阶段：计算机网络是面向终端的系统，在数据传输方面利用公用电话网系统传输计算机或计算机终端数字信号。

计算机互连阶段：各计算机通过通信线路连接，相互交换数据、软件，实现网络连接的计算机之间的资源共享。

标准化系统阶段：国际标准化组织（International Organization for Standardization，ISO）于1984年提出了开放系统互连（open systems interconnection，OSI）参考模型，该模型具有7个层次的框架，自下向上的7个层次分别是物理层、数据链路层、网络层、传输层、会话层、表示层和应用层。任何遵循OSI模型的系统，只要物理上连接起来，就可以实现互连、互操作。

网络互联与高速网络系统阶段：全球以互联网为核心的高速计算机网络已经形成，互联网已经成为人类最重要的、最大的知识库。

计算机网络按数据交换方式的分类及其区别如下。

（1）线路交换方式：利用拨号来建立通信路径，最早用于电话系统。

（2）报文交换方式：一种数字式网络，采用存储-转发方式，以报文为基本单位进行传输。

（3）分组交换网络：采用存储-转发方式，先把不定长的报文划分成若干定长的报文分组；以分组作为传输的基本单位，大大简化了对计算机存储器的管理，加速了信息在网络中的传输。

基本的连网设备包括以下四种。

（1）物理层互连设备，主要包括中继器。

（2）数据链路层互连设备，如网桥。

（3）网络层互连设备，如路由器。

（4）网络层以上的互连设备，主要包括网关或应用网关。

2.1.2 计算机网络的分类

按不同性质特点，计算机网络的分类如下。

1. 按网络的覆盖范围与规模划分

根据网络的覆盖范围与规模，计算机网络可分为：

（1）局域网（local area network，LAN）。局域网覆盖范围一般在方圆几十米到几千米。典型的是一个办公室、一个办公楼、一个园区范围内的网络。

（2）城域网（metropolitan area network，MAN）。城域网是局域网的延伸。当网络的覆盖范围达到一个城市的大小时，被称为城域网。

（3）广域网（wide area network，WAN）。广域网又称远程网，网络覆盖到多个城市甚至全球的时候，就属于广域网的范畴了。广域网是将远距离的网络和资源连接起来的任何系统。我国著名的公共广域网有ChinaNet、ChinaPAC、ChinaFrame、ChinaDDA等。大型企业、院校、政府机关通过租用公共广域网的线路，可以构成自己的广域网。

（4）接入网。接入网又称为本地接入网或居民接入网，是近年来由于用户对高速上网需求的增加而出现的一种网络技术，是局域网与城域网的桥接区。

2. 按通信媒体分类划分

根据通信媒体分类，计算机网络可分为：

（1）有线网（wired network）。有线网是指网络系统中计算机之间采用如双绞线、同轴电缆、光纤等物理媒体连接，并利用这些物理媒体传输数据，实现计算机之间数据交换的系统。现有的网络绝大多数是有线网络。

（2）无线网（wireless network）。无线网是指网络系统中计算机之间采用如微波、红外线等媒体连接，并利用它们传输数据，实现计算机之间数据交换的系统。随着无线通信技术的发展，无线网络的数量越来越多，应用也越来越广泛。

（3）无线有线混合网（wireless wired hybrid network）。无线有线混合网是计算机网络和应用的趋势。有线网中包含无线网，无线网中包含有线网，这就是所谓的无线有线混合网。

3. 按数据交换方式划分

根据数据交换方式，计算机网络可分为：

（1）线路交换网（circurt switching）。线路交换是较早出现在电话系统中的一种交换方式，目前仍广泛地应用于自动电话系统中。源用户通过拨号接通某些开关来建立所要求的通信路径，使源用户和目标用户之间能直接进行通信。在通信期间始终使用该路径，不允许其他用户使用；通信结束后便断开所建立的通信路径。早期的计算机网络，如面向终端的计算机网络，都广泛地利用这种交换方式的电话网络来传输数据。

（2）报文交换网（message switching）。报文交换网是一种数字式网络。每当源主机要与目标主机通信时，网络中的中继节点——交换器总是先将源主机发来的一份完整报文存储在交换器的缓冲区中，并对该报文做适当处理。然后再根据报文中的目标地址，选择一条相应的输出链路：若该链路空闲，便将报文转发至下一个中继点或目标主机；若输出链路忙，则将装有输出信息的缓冲区排在输出队列的末尾等候。这种先存储后转发的输出方式被称为存储-转发方式。由于这种网络以报文为基本传输单位，故也称为报文交换网络。

（3）分组交换网（packet switching）。分组交换网虽然同样是采取存储-转发方式，但它不是以不定长的报文作为传输的基本单位，而是先将一份报文划分为若干个定长的报文分组，以分组作为传输的基本单位。因此，当源主机要发送一份报文时，首先需要进行报文分解，然后再逐个分组发送。网络的中继节点则先将分组报文接收下来，存储在定长的缓冲区中，然后再选择一条适当的传输路径将分组报文转发出去，以分组为单位进行的传输，不仅大大简化了使用者对计算机存储器的管理，而且还加速了信息在网络中的传输。由于分组交换网较报文交换网和线路交换网具有一系列的优点，故它已成为现代计算机网络的主流。

4. 按网络拓扑结构划分

网络拓扑结构分为物理拓扑和逻辑拓扑。物理拓扑结构描述网络中由网络终端、网络设备组成的网络节点之间的几何关系，反映网络设备之间，以及与网络终端是如何连接的。网络按照拓扑结构划分有星型结构、树型结构、总线型结构、环型结构和网状结构。

（1）星型网络。星型拓扑结构是现代以太网的物理连接方式。在这种结构下，以中心网络设备为核心，与其他网络设备以星型方式连接，最外端是网络终端设备。星型拓扑结构的优点是连接路径短，易连接，易管理，传输效率高。这种结构的缺点是中心节点需要具有很高的可靠性和冗余度。

（2）树型网络。树型拓扑结构的网络层次清晰，易扩展，是目前多数校园网和企业网使用的结构。这种方法的缺点是对根节点的可靠性要求很高。

（3）总线型网络。总线型拓扑结构是早期同轴电缆以太网中网络节点的连接方式，网络中各个节点挂接到一条总线上。

（4）环型网络。环型拓扑结构的网络中，通信线路沿各个节点连接成一个闭环。数据传输经过中间节点的转发，最终可以到达目的节点。这种通信方法的最大缺点是通信效率低。

（5）网状网络。网状网络结构构造的网络可靠性最高。在这种结构下，每个节点都有多条链路与网络相连。在高密度的冗余链路使一条，甚至几条链路出现故障时，网络仍然能正常工作。网状拓扑结构网络的缺点是成本高、结构复杂，管理维护相对困难。

5. 按使用范围划分

根据使用范围，计算机网络可分为：

（1）公用网。公用网是为公众提供各种信息服务的网络系统，如互联网，是只要符合网络拥有者的要求就能使用的网络。公用网是国家电信网的主体，在我国通常是由电信部门主管经营和建设的，在国外大都是由政府和私营企业建设的。

（2）专用网。专用网是由一个或几个部门所拥有的，它只为拥有者提供服务，这种网络不向拥有者以外的人提供服务。专用网通常是由组织和部门根据实际需要自己投资建立的。

2.2　计算机网络的相关协议

没有网络协议，现代互联网将不复存在。网络协议使信息能够在互联网上交换，并支撑网络高效和统一的工作，形成标准规范而许多普通用户不用担心或考虑其互联网工作方式。通常地，计算机网络需要遵循相关重要的网络体系架构和网络协议，国际标准化组织于1977年成立了专门机构研究该问题，并由此提出使各种计算机互联成网的标准框架，即开放系统互连（OSI）参考模型，并于1983年形成了开放系统互连参考模型的正式文件，即ISO7498国际标准。由于因特网不断发展壮大从而采用传输控制协议/互联网协议（TCP/IP）簇，并逐步演变为TCP/IP参考模型。

关于计算机网络的基础知识可参考相关教材。

TCP/IP簇为目前互联网广泛流行的协议规范，主要特点如下。

（1）协议标准具有开放性，独立于特定的计算机硬件及操作系统，且免费。

（2）统一分配网络地址，使得所有TCP/IP设备在网络中都具有唯一IP地址。

（3）实现高层协议的标准化，能为用户提供多种可靠的服务。

TCP/IP的核心思想是把千差万别的物理层或数据链路层协议的物理网络在传输层或网络层建立一个统一的虚拟“逻辑网络”，屏蔽或隔离所有物理网络的硬件差异。以TCP/IP簇为参考模型的互联网体系结构较OSI七层体系结构更加简单灵活，其主要的四层构建所包括的内容如下。

（1）网络接口层：最底层，负责网络层与硬件设备间的联系，如逻辑链路控制和媒体访问控制。

（2）网际层：负责计算机到计算机之间的通信问题。

（3）传输层：负责计算机程序到计算机程序之间的通信问题，端到端的通信问题。

（4）应用层：最顶层，提供一组常用的应用程序给用户。

本节着重介绍计算机网络的相关重要协议，如TCP/IP簇的超文本传输协议（HTTP）、传输控制协议（TCP）、互联网协议（IP）、域名系统（domain name system，DNS）协议、文件传输协议（file transfer protocol，FTP）等。

2.2.1 超文本传输协议

为了使网页资源传输能够高效率地完成，采用超文本传输协议来传送网络必需信息，用于客户端（请求访问文本或图像等资源的一端）和服务器（提供资源响应的一端）之间的通信。HTTP有两类报文：① 请求报文，指从客户端向服务器发送请求报文；② 响应报文，指从服务器到客户端的回答。HTTP的工作原理如图2.1所示。

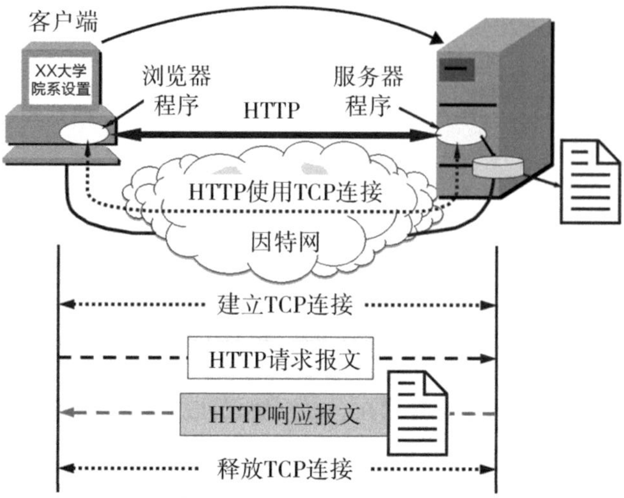

图2.1 HTTP工作原理示意

HTTP使用统一资源标识符（uniform resource identifiers，URI）来传输数据和建立连接。统一资源定位符（uniform resource locator，URL）是一种特殊类型的URI，包含了用于查找某个资源的足够的信息。例如http://www.test.com:8080/news/index.asp?boardID=4&ID=2468&page=0#name，URL包括以下七个部分。

（1）协议部分。"http:"为协议部分，代表网页使用的是HTTP。在互联网中可以使用多种协议，如HTTP、FTP等。在"HTTP"后面的"//"为分隔符。

（2）域名部分。"www.test.com"为域名部分。一个URL中，也可以使用IP地址作为域名。

（3）端口部分。跟在域名后面的是端口，域名和端口之间使用":"作为分隔符。端口不是一个URL必需的部分，如果省略端口部分，将采用默认端口。

（4）虚拟目录部分。从域名后的第一个"/"开始到最后一个"/"的部分是虚拟目录。虚拟目录也不是一个URL必需的部分。本例中的虚拟目录是"/news/"。

（5）文件名部分。从域名后的最后一个"/"开始到"?"的部分是文件名。如果没有"?"，那么文件名部分是从域名后的最后一个"/"开始到"#"；如果没有"?"和"#"，那么文件名部分是从域名后的最后一个"/"开始到结束。本例中的文件名是"index.asp"。文件名部分不是一个URL的必需部分，若省略该部分，则使用默认的文件名。

（6）锚部分。从"#"开始到最后的部分都是锚，本例中的锚部分是"name"。锚部分也不是一个URL的必需部分。

（7）参数部分。从"?"开始到"#"的部分为参数，又称搜索部分、查询部分。本例中的参数部分为"boardID=4&ID=2468&page=0"。参数部分可以有多个参数，参数与参数之间用"&"作为分隔符，具体参数一般为键值对（key-value）形式。

2.2.2　传输控制协议

TCP按顺序排列数据包，以便IP可以传送它们。具体地，TCP对单个数据包进行编号，IP可以通过不同的路由将数据包发送到它们的目的地并使它们乱序，因此TCP在IP交付数据包之前要对乱序进行修改，并检测发送过程中的错误。若检测到错误，则根据TCP的编号系统判断是否丢失数据包，并要求IP在将数据传送到其目的地之前重新传输这些数据包。该过程可保证并控制互联网上的通信。

2.2.3　互联网协议

IP的功能类似于邮政服务。当用户从他们的设备发送和接收数据时，数据会被拼接成数据包。数据包就像带有两个IP地址的信件：一个用于发件人，一个用于收件人。数据包离开发件人后，会进入网关（如邮局），该网关会将其引导至正确的方向。数据包继续通过网关传输，直到到达目的地。

IP通常与TCP 配对形成TCP/IP，即整个互联网协议簇。IP将数据包一起发送到它们的目的地，IP有时会乱序发送数据包以确保数据包以最快的方式传输，而TCP则要以正确的顺序排列数据包。

为了唯一标识互联网中的网络及主机，选择适合机器表示的数值来进行标识，互联网中每一个网络都具有自己独一无二的数值地址，即IP地址。一般地，在第4版互联网协议（internet protocol version 4，IPv4）中，使用32位（4字节）地址，地址空间较有限，地址的分类包括A类地址、B类地址、C类地址、D类地址和E类地址。2011年，互联网数字分配机构的主要IPv4地址池完全用尽时，其后的继第6版互联网协议（internet protocol version 6，IPv6）地址仍处在部署的初期。2019年11月，全球所有43亿个IPv4地址已分配完毕，IPv6则在加快规模部署和技术创新。

2.2.4 域名系统协议

DNS是一个数据库，其中包含网站的域名及其对应的IP地址。用户使用域名访问网站，而设备使用IP地址来定位网站。DNS将域名转换为IP地址，服务器可以缓存访问网站所需的DNS数据。DNS协议详细说明了用于域名翻译和通信的规范，可以快速地为用户提供信息，并允许通过互联网访问远程主机和资源。

2.2.5 文件传输协议

FTP是一种客户端-服务器协议，客户端请求文件，服务器提供文件。FTP在TCP/IP上运行，并需要一个命令通道和一个数据通道来分别进行通信和交换文件。客户端通过命令通道请求文件，并通过数据通道提供接收下载、编辑和复制文件等操作的权限。随着大多数系统开始使用HTTP进行文件共享，FTP变得不那么流行了。但是，FTP是一种用于更私密文件共享的通用网络协议，在银行业中应用广泛。

2.2.6 动态主机配置协议

动态主机配置协议（dynamic host configuration protocol，DHCP）将IP地址分配给网络端点，以便它们可以通过IP与其他网络端点通信。每当设备首次加入具有DHCP服务器的网络时，DHCP会自动为其分配一个新的IP地址，并在每次设备在网络上移动位置时继续这样此操作。

当设备连接到网络时，设备和DHCP服务器使用以下步骤进行通信：设备建立连接，服务器接收连接并提供可用的IP地址，设备请求IP地址，服务器确认地址以完成该过程。

2.3 Web相关概念

Web网络相关概念包括：域名系统、Web浏览器、Web服务器、URL、Web网页等。

2.3.1 万维网的发展与起源

由于记住主机IP地址是很困难的，人们就为每台主机起了个名字，由圆点分隔开的一连串的单词组成，这种命名方法被称为领域命名系统，简称为域名系统。因此，这样的主机也被称为域名服务器。

主机域名服务器地址的划分模式有地理模式和组织模式两种，其一般格式为

四级域名.三级域名.二级域名.顶级域名

在网络访问与应用中，需要进行域名系统的解析，也就是域名到IP地址的转换过程。域名的解析工作主要由DNS服务器完成，解析过程就是域名服务器完成从域名到IP地址的转换。

域名系统解析的总体过程主要包括：输入域名后，先查找自己主机对应的域名服务器，域名服务器先查找自己的数据库中的数据；如果没有，就向上级域名服务器进行查找，以此类推；最多

回溯到根域名服务器，肯定能找到这个域名的IP地址；域名服务器自身也会进行一些缓存，把曾经访问过的域名和对应的IP地址缓存起来，可以加速查找过程。

具体的，域名系统解析的详细过程包括：① 主机先向本地域名服务器进行递归查询；② 本地域名服务器采用迭代查询，向一个根域名服务器进行查询；③ 根域名服务器告诉本地域名服务器下一次应该查询的顶级域名服务器的IP地址；④ 本地域名服务器向顶级域名服务器进行查询；⑤ 顶级域名服务器告诉本地域名服务器下一步查询权限服务器的IP地址；⑥ 本地域名服务器向权限服务器进行查询；⑦ 权限服务器告诉本地域名服务器所查询的主机的IP地址；⑧ 本地域名服务器最后把查询结果告诉主机。

2.3.2　Web浏览器和Web服务器

Web浏览器为一种访问万维网资源的客户端工具软件，支持多种互联网协议，是上网冲浪、信息浏览、资源交换等的重要载体和手段，如目前较常用的Internet Explorer（IE）、Firefox、Chrome等。Web服务器是工作于服务器端的工具软件，接收用户通过浏览器以某种标准协议发送的请求并返回相应的结果。

Web浏览器/Web服务器系统的工作模式如下。

（1）万维网是基于浏览器/服务器模式工作的。

（2）浏览器和服务器之间通过超文本传输协议进行通信。

（3）Web服务器根据客户提出的请求（HTTP请求），为用户提供信息浏览、资料查询、安全验证等方面的服务。

（4）客户端的浏览器具有互联网地址和文件路径导航功能，能根据Web服务器返回的超文本标记语言（hypertext markup language，HTML）文档所提供的地址和路径信息，引导用户访问与当前页面相关联的下文信息。

（5）当用户未提供互联网地址和文件路径时，Web服务器提供一个缺省的HTML文档，即主页，为用户浏览该服务器中的有关信息提供方便。

Web浏览器/Web服务器系统的工作流程如下。

（1）在浏览器中输入Web地址，向某个Web服务器发出HTTP请求。

（2）Web服务器收到浏览器的请求后，在HTML文档中找到特定的页面，并将结果传送给浏览器。

（3）浏览器执行接收到的HTML文档并显示其内容。

2.3.3　Web开发技术

HTTP的特点是支持客户-服务器模式、元数据、无连接、无状态，简单快速。采用HTTP，需要在万维网上浏览或查询信息，必须在浏览器上输入查询目标的地址，即网络资源的网址，这就需要统一资源定位符（URL）进行标识。进而，Web浏览器就可以通过URL并遵循HTTP访问和调用各类Web服务器的信息资源，并呈现在客户端的Web网页上。

在Web网页设计中，常根据Web中呈现的内容和方式分为静态Web页面和动态Web页面。静态Web页面主要展现文本、图片、声音等信息，一般没有后台数据库，不含程序且不与服务器交互，常用的编码技术包括超文本标记语言、活动服务器页面（active server pages，ASP）等；

而动态Web页面不仅包括文本、图片、声音、动画等，而且可以与Web服务器进行交互，并包含后台数据库或嵌入流媒体视频等，常用的编码技术包括CGI、DHTML、HTML5、ASP.Net、JSP、PHP等。

2.4 计算机网络的未来发展

计算机网络的未来发展主要涉及以下四个方面。

2.4.1 移动互联网

移动互联网是推动信息化发展的重大机遇。2023年3月，中国互联网络信息中心（China Internet Network Information Center，CNNIC）发布了第51次《中国互联网络发展状况统计报告》，报告显示，截至2022年12月，我国网民规模达10.67亿，互联网普及率达75.6%，网民使用手机上网的比例为99.8%。因此，通过发展移动互联网可以加速中国信息化进程，这对于消除数字鸿沟、提升我国广大城乡区域的信息化应用水平尤其具有战略意义。移动互联网是推动科技创新的重大机遇，目前仍处在蓬勃发展的阶段，与传统固定互联网相比，在无线通信技术、跨界融合业务应用与商业模式等方面，存在巨大的创新空间。

移动互联网以移动通信网作为接入网络的互联网及服务，它包括几个关键要素：移动通信网络接入、公众互联网服务、移动性终端等。移动互联网可以结合移动通信和互联网的许多优势，从而呈现出与固定互联网不同的特点，如移动通信的丰富多媒体信息、视频流媒体等的通信能力、定位和精确测量信息、基于5G的管理控制和安全接入能力。从本质上说，移动互联网较固定互联网的最大特点是随时随地和充分的个性化（如终端的个性化、业务的个性化、内容的个性化、互联网门户的个性化等），而其根源是移动通信的移动便捷性。

2.4.2 面向服务的新型网络体系架构

传统的网络技术体系框架面对拓展链路传输带宽、提高节点处理速度、增大节点处理容量、增加复杂控制算法和协议等技术要求，不仅难以满足特性差异日益扩大的用户业务承载需求，而且付出了网络复杂度提高和传送效率明显降低的代价。随着用户规模的扩大和市场竞争加剧，当前互联网行业面临诸多困境：市场饱和度逐渐增加，新用户量增长放缓，竞争更加激烈；新兴技术不断涌现，核心关键技术创新不足；产品和服务同质化现象严重，用户体验差异化不足；数据安全、数据隐私保护、反垄断等方面的合规和风险控制措施加强，亟须创新互联网体系架构和自主核心技术。

通过对传统互联网的体系结构和建设思想进行重新审视，以及对互联网的技术体系进行重新思考，可以寻求一种适合于未来互联网发展的新型网络技术结构。针对个性化、特殊化和高效化的应用需求，应探索一种面向服务并按需提供的新型网络技术体系，由此研究新型网络的开放可重构路由交换节点平台体系的结构问题，实现用户业务和网络服务间的松耦合关系，实现网络服务提供能力的可扩展性。新型网络体系架构，可根据用户业务的主要特征和特性参数对现有和未来可能出现的用户业务进行聚类，以此屏蔽具体用户业务的细节特性。网络服务采用分层提供方式，在物理网络资源上构建逻辑承载网络，生成网络服务，一种逻辑承载网络可生成一种网络服务提供给一类用户业务使用。此外，还需要构建一种资源可共享、节点可重构、能够提供柔性服务的物理网络，创建新型网络服务的需求可通过重构网络节点实现，以此增强网络服务提供能力的可扩展性。

2.4.3　未来网络设施与工业互联网

2015年7月，国务院发布了《国务院关于积极推进“互联网+”行动的指导意见》，为“中国制造2025”增添了新的元素与活力。不同于美国、德国、日本等发达国家制订的国家战略和计划，我国要走适合自己国情战略的道路，借助我国移动互联网、云计算、大数据、物联网等领域发展的良好势头，将其与现代制造业进行有机结合。工业互联网的发展正推动互联网逐渐由“消费型”领域向“生产型”领域扩展，互联网与实体经济深度融合已成为未来发展的必然趋势。互联网的发展促进了产业的发展与变革，而产业的变革也对网络技术提出了新的需求。

工业互联网需要支持灵活的设备和传感器组网、实时可靠的信息传输、高效的大数据存储分析，支持未来网络技术资源配置的灵活性、传输的时效性。互联网与产业的深度融合在对网络技术带来新挑战的同时，也为未来网络技术的发展带来了新的机遇和驱动力。大数据技术和人工智能的发展为未来网络向智能网络发展提供了契机。从技术上看，未来网络领域比较有代表性的工作包括软件定义网络、信息中心网络、服务中心网络和用户中心网络等。未来网络发展还将呈现两大主要趋势：①从软件定义网络到软件定义一切，软件定义的网络、存储和计算将形成统一的架构，为未来网络的发展和实现带来极大的便利；②数据驱动的智能网络架构，控制器管理范畴将从转发拓展到存储、计算等多个维度，并最终决策出诸如定制服务策略这样的多维结果，上述多维的决策问题将给控制器运行效率带来巨大的压力。未来网络可具备利用运行数据、应用和服务数据驱动网络进行优化和改进的能力，因此数据、服务和知识驱动的智能网络管理将为未来网络发展注入新的动力。

2.4.4　信息通信产业

信息通信产业发展态势良好，国际贸易市场广阔，经济社会效益显著，细分行业发展差异较大，国家政策、科技创新对其发展具有重要驱动作用。未来产业发展将更加注重产业服务、个人互联网市场、量子安全通信、卫星互联网、产业互联网发展及优势领域保护等。随着全球科技发展态势呈加速度和叠加式发展，具备技术密集型、价值密集型等特征的信息通信产业在全球产业迭代升级中扮演着重要角色，以电子技术获取、传播和演示数据信息的制造业和服务业的集合形成信息通信产业。受经济社会环境、科技发展和资源要素禀赋的影响，全球信息通信产业分类不断细化与多元化，细分行业发展差异较大，国际贸易市场广阔，服务出口发展态势优于产品出口；市场基础坚实，个人互联网发展优势显著；社会效益显著，信息与数据处理服务业发展突出；技术创新在信息通信产业发展中发挥了重要驱动作用；产业发展战略政策迭代更新可支撑信息通信产业不断发展。

信息通信产业发展趋势和战略重点包括：从信息通信产品制造到更加注重相关设计和服务；从固定宽带到着力开发个人互联网市场；高报酬行业由计算机系统设计及相关服务行业转向信息服务与数据处理行业；推动量子通信领域发展，提升网络空间安全技术的核心竞争力；全面深入推进产业互联网发展；卫星互联网成为重要战略竞争领域。

面对新一轮科技革命和产业变革形势，我国也应高度重视信息通信产业的发展，党的十八大以来，国家层面出台与实施了《信息通信行业发展规划（2016—2020年）》《新一代人工智能发展规划》《新时期促进集成电路产业和软件产业高质量发展的若干政策》等。2020年3月，中共中央政治局常务委员会召开会议提出要加大5G网络、人工智能、工业互联网、物联网等新基建的投资力度，相关省市也出台了相应的政策意见。我国应面向世界科技前沿、面向经济主战场、面向国家重大需求、面向人民生命健康，系统布局，重点规划，以产业融合推进信息通信产业高质量发展。

第 3 章　互联网地理信息系统的基本体系架构

地理信息系统是一种采集、存储、传输、管理、分析、处理、表达和使用地理空间数据的计算机系统。进入21世纪后，互联网技术的快速普及使得地理信息系统技术发生了真正质的变化，互联网成为地理信息系统新的操作平台，而互联网地理信息系统则是两者结合的产物。互联网地理信息系统利用互联网发布和管理地理信息，为用户提供空间数据的信息查询、浏览、分析等功能，实现地理信息的操作和共享，使得地理信息系统的各项功能从局部的计算机网络扩展到一个更加广阔的空间。从长远上看，互联网地理信息系统的发展已经成为地理信息系统发展的必然趋势。

互联网地理信息系统已经渗透到人们工作和生活中的各个方面，在带来便利的同时，也为社会产生了巨大的经济效益，极大地提高了人们的生产和生活方式、生活水平。互联网地理信息系统技术的进一步研究和发展也将是未来社会发展中不可或缺的一部分。

3.1　互联网地理信息系统概述

WebGIS是基于互联网平台，客户端采用万维网（WWW）协议的地理信息系统。其基本思想就是在万维网上提供空间信息，让用户通过浏览器浏览和获得一个空间信息系统中的数据。从万维网的任意一个节点，互联网的用户都可以浏览到互联网地理信息系统站点的空间数据，制作专题图件，进行空间查询、空间检索，以及空间分析。空间数据的概念已经扩展为分布式、超媒体特性、相互关联的数据，使地理信息系统进入千家万户。当今，地理信息系统已进入了普及和推广应用阶段，地理信息系统的功能也由一般的空间查询转向辅助决策和分析应用。随着计算机技术及通信技术的迅速发展，地理信息系统会从二维走向三维然后到四维，会从单机走向网络；应用领域会从政府部门到企业单位，最终走向社会，进入千家万户；桌面地理信息系统也终将被互联网地理信息系统取代。

随着社会的飞速发展，互联网已经成为地理信息系统新的系统平台。利用互联网技术，在互联网上发布空间数据，供用户浏览和使用，是地理信息系统发展的必然趋势。所谓互联网地理信息系统就是在互联网信息发布、数据共享、交流协作基础之上，实现地理信息系统的在线查询和业务处理等功能，实现基于互联网的分布式交互操作是工作的重心。

互联网地理信息系统是近些年随着互联网的发展和普及而兴起的，它是一个利用互联网和Web技术扩展和完善地理信息系统的新兴领域。互联网地理信息系统研究的目的，即用地理信息系统特有的空间信息的处理和计算能力丰富Web这一目前普遍存在且前景广阔的信息载体，实现地理信息系统信息和资源的充分共享和便利访问。互联网地理信息系统的出现，大大地推动了地理信息系统的资源和服务的社会公众化进程。每个部门的地理信息数据资源可以集中管理、维护及更新，并通过Web提供给其他部门的用户进行访问，满足其服务请求。同时使用者也可以利用和访问其他部门的服务。这样就避免了重复性劳动，保证了空间数据完整性、一致性。此外，互联网地理信息系统通过调节和变化体系结构，能够灵活有效地寻求计算负荷和网络流量在服务器端和在客户端的合理分配，形成平衡高效的计算负载。

互联网地理信息系统及其测绘地理信息已成为智慧城市建设的重要基础设施，自然资源与空间数据也是智慧城市四大基础数据库之一。在数字城市到智慧城市发展的背景下，多类型感知信息将实时接入，借助云计算技术将实现地理知识引擎和按需服务。互联网地理信息系统及其地理空间信息技术，在数字城市地理空间框架建设中已体现出资源聚合、一站式服务、面向任务的以人为本智能应用等方面优势。在智慧城市时空信息云平台建设中，地理空间信息科学也面临着发展机遇和挑战，需要在时空信息地理建模、时空大数据高性能处理和语义信息挖掘等方面进行突破和提升，支撑智慧城市的建设与运行。

3.2 互联网地理信息系统的结构组成

3.2.1 计算机软件系统

计算机软件系统是指必需的各种程序，程序融合了数据处理的模型或算法等，是互联网地理信息系统的核心部分。

3.2.2 计算机硬件系统

计算机硬件系统是计算机系统中的实际物理装置的总称，可以是电子的、电的、磁的、机械的、光的元件或装置，是地理信息系统的物理外壳。

3.2.3 系统开发、管理和使用人员

一个周密规划的地理信息系统项目应包括负责系统设计和执行的项目经理、信息管理的技术人员、系统用户化的应用工程师，以及最终运行系统的用户。

3.2.4 空间数据

空间数据指以空间位置为参照的自然、社会和人文等数据，可以是图形、图像、文字、表格和数字等，通过遥感卫星、数码产品、数字化仪、相关专业软件等设备输入地理信息系统，是系统程序作用的对象，是地理信息系统所表达的现实世界经过模型抽象的实质性内容。

3.2.5 互联网

当今的地理信息系统与几年前的地理信息系统有很大的不同，它的组成部分已不仅局限于单机终端，而更依托于互联网，如Web2.0、分布式计算、Web Service等技术。尤其是近年来移动互联网的兴起，已经将遥感、地理信息系统、全球定位系统技术融入，并成为不可分割的一体，人人都可以成为地理信息系统数据的提供源，这一切都得益于互联网技术的进步，以及其广泛普及与应用。

3.3　互联网地理信息系统的组合方式

3.3.1　全集中式

全集中式的地理信息系统把软件、数据库管理系统和数据库全部集中在中央服务器上，客户系统只负责用户界面功能，即获得用户指令并传递给服务器，显示查询结果，提供系统的辅助功能。

3.3.2　数据集中式

网络系统专门设置集中的数据存储和管理服务，网络的其他部分称为数据客户，它们一般是带有一定功能的地理信息系统软件。

3.3.3　功能集中式

与数据集中式相反，功能集中式的网络系统把绝大部分的功能集中在一个或者几个容量大、性能高的服务器上，由它们负责所有的分析和处理，数据则分散在客户端存储和管理。

3.3.4　全分布式

全分布式系统是原有的非网络化的信息系统自然进化的结果。在全分布式系统中，各个子系统具有完备的数据库及地理信息系统软件和其他应用软件，在网络中同时扮演客户端和服务器的角色。各个子系统的软硬件环境和特性，以及拥有的数据很可能不一样，但同时又有很密切的联系和互补性。系统的集成，通过网络操作系统及各个子系统提供的应用程序接口（application program interface，API）实现。实现全分布式互联网地理信息系统，往往需要基于已有系统平台进行二次开发。

3.3.5　函数库服务器

传统的软件系统一般是静态的，为了提供更多的功能，系统变得越来越大，而实际上，对于每一个用户来说，通常需要的功能有限，这样就造成了系统资源的浪费。对于全集中式系统而言，系统的扩大将加大中央服务器的负担，造成系统性能的下降，而全分布式系统实现又较为复杂。函数库服务器把优化的功能函数存储在服务器上，通过网络按用户要求动态合成应用软件，并使其在客户端上运行，从而从根本上改变了传统的资源分配和软件运行及维护方式。基于分布构件模型（CORBA 或 DCOM）构造的软件系统可以在一定程度上实现函数库服务器。

3.4　互联网地理信息系统的体系结构

网络计算模式从早期的单一计算模式（集中式体系结构）发展到后来的客户-服务器计算模式（全分布式的两层体系结构），再到今天的浏览器-服务器计算模式（全分布式的三层、多层体系结构）。两层体系结构把互联网地理信息系统分成客户端和服务器两个部分，它们之间通过互联网在一定的协议支持下实现信息的交互，形成客户-服务器计算模式，共同协调处理一个应用问题。

客户端和服务器并非专指两台计算机，而是根据它们所承担的工作来加以区分的。客户端的服务器是相互独立、相互依存、相互需要的。客户端通常是承载最终用户使用的应用软件系统的单台或多台设备，而服务器的功能则由一组协作的过程或数据库及其管理系统所构成，为客户端提供服务，其硬件组成往往是一些性能较高的服务器或工作站。

三层体系结构突破了客户-服务器两层模式的限制，将各种逻辑分别分布在三层结构中，这样可以将业务逻辑与表示逻辑分开，从而减轻客户端和数据服务器的压力，较好地平衡负载，并且形成了一种新的计算模式——浏览器-服务器模式。另外，将用于图形显示的表示逻辑与地理信息系统的处理逻辑分开，可以使地理信息系统的处理逻辑为所有用户共享，从根本上克服两层结构的缺陷。

3.5 互联网地理信息系统的技术体系发展

在目前数字城市地理空间框架建设、物联网和云计算等快速发展的背景下，智慧城市建设正在全国广泛开展，信息化测绘体系提供了数据获取的实时化与动态化、数据处理的智能化与自动化、数据服务的网络化、信息应用的社会化、功能取向的服务化。数字城市地理空间框架建设向政府各部门、企事业单位和社会公众提供了权威性、现势性、高效性的地理信息服务，提升了城市管理的科学化、精细化水平。从数字城市发展到智慧城市，符合中国城市科学发展、信息技术发展、经济社会发展的需求和规律。全IP网络架构的传感器和物联网的出现及发展为测绘地理信息的应用提供了广阔空间。本节重点研究智慧城市建设中测绘地理空间信息基础设施的应用优势，并着重阐述在智慧城市时代测绘地理空间信息技术发展所面临的新机遇和挑战。

3.5.1 互联网地理信息系统的测绘地理信息基础设施

智慧城市测绘地理信息基础设施，为智慧城市提供地理空间定位参考、专题业务信息处理参照和直观形象的可视化表达，主要包括：空间坐标参考系统框架进一步完善，建成覆盖全域的大地测量、高程基准、重力系统、深度基准和时间系统框架；对地多分辨率、多时态观测手段与分析手段进一步丰富，利用空-天-地一体化智能传感器网络全面、多尺度地获取高空间分辨率、高光谱分辨率的地理信息，集成人口统计信息、工商法人数据、宏观经济等专题，形成动态鲜活的时空大数据；地理信息空间分析与服务模式进一步扩展，全面提升智慧物流、智慧医疗、智慧城管、智慧电网等应用的支撑水平；地理信息决策分析和支撑功能进一步优化，扩充传统地理信息系统辅助决策、虚拟展现、宣传咨询等方面的应用机制和能力。智慧城市将80%关联的地理信息，渗透到城市的各个方面，形成生活、产业发展、社会管理的新模式和新形态。

完善智慧城市测绘地理信息基础设施，应加快推进政府云计算中心和基础信息共享工程建设，增强信息基础资源的整合和共享能力，加强基于地理信息平台的电子政务顶层设计，研究集成丰富空间数据资源及地理语义的架构。推进人口统计信息、工商法人数据、宏观经济等基础信息系统建设，整合统计、民政、公安、工商、经发等相关部门专题信息，建立基础数据标准化和规范化机制，重点建立自然资源和地理空间基础信息时空数据库，为智慧城市时空信息云平台建设提供基础支撑。

3.5.2　互联网地理信息系统的技术应用优势

当前，各类新型高分辨率对地观测卫星、多源主动传感器物联网、网络云计算等的普及应用促进了数字城市向智慧城市快速发展。随着传统地理信息系统对空间信息的获取、编辑、分析和可视化等功能研究的不断深入，建立地理信息公共服务的一站式平台，通过标准化模型进行多源海量异质异构地理空间信息资源的自主加载和共享融合，将推动地理空间信息技术在社会各类型专题业务中的应用，逐渐形成网络化、社会化和大众化的应用模式。

1. 地理空间信息资源的聚合

测绘地理信息领域，空-天-地一体化智能对地观测传感器网络获取数据不断增长，每天达到万亿字节（TB）量级，涉及经济、公安、规划、国土、气象、水利等领域，具有数据量大、种类多、来源广、获取速度快等特点，无法在一定时间内用常规软件工具进行抓取、管理和处理。这些海量数据的集成、共享、应用，成为智慧城市地理空间信息领域需要解决的重要问题。

地理空间数据资源存在异构性和很强的分布性，需要有效地实现数据融合与集成。基于Web Service的分布式共享，不仅提高了空间数据和处理模型的访问性和重用性，而且实现了分布式网络环境下空间数据和处理模型的互操作。地理信息系统技术和Web技术相结合，使地理信息系统由传统的桌面化系统发展为基于互联网的地理信息系统。将Web Service技术引入WebGIS，改变了地理信息系统数据的访问模式，出现了服务化的地理信息系统。传统组件化地理信息系统中组件模型和分布式传输协议的差异，导致其存在数据共享、软件重用和跨平台等方面的问题；基于互联网的WebGIS方便数据获取、集成和共享，但由于处理模型和地理语义的不一致，灵活地获取数据和处理信息存在困难。开放式地理空间信息联盟（OGC）、国际标准化组织地理信息技术委员会（ISO/TC211）等国际组织基于Web Service技术，提出WMS、WFS、WPS等规范，即分布式的各种空间信息服务，成为空间信息发现、访问、分析和可视化的统一框架，并被Esri、微软、超图、吉奥等国内外主要地理信息系统厂商接受认可，也基本实现了地理空间信息资源的集成共享。

2. 一站式公共服务平台的构建

传统的地理信息系统根据已有空间数据和任务需求，建立空间数据库和信息交互平台，定义信息分析处理模式，实现地理处理任务，其弊端在于以数据的复制或交换为共享基础，限制了部门应用和信息化建设。而在面向服务的体系结构（SOA）中，主要包括三种角色，即服务提供者、服务代理者和服务请求者，分别对应服务发布、查找和绑定三种行为。地理信息公共平台作为一个整体，提供一站式服务，即服务提供者可以定制使用服务，服务请求者也可以向平台注册自定义服务。在开放地理信息和互操作方面，OGC提供了空间数据向可方便访问和操作的Web Service转换的解决方案，并针对这些标准的地图服务，制订了一系列的空间过滤规范和地理处理规范等规范。

数字城市地理空间信息共享框架的逻辑模型，可将Shapefile文件、Oracle空间数据库和PostgreSQL数据库等分布式存储的空间数据，通过分布式地理信息系统服务器，发布为符合OGC规范的数据服务和功能服务，并建立分布式、一站式的地理信息公共服务平台。

3. 面向任务的以人为本智能应用

智慧城市应用的重要特点是智能化和自动化，开放网络环境下的空间信息服务将为用户使用空间数据和进行空间分析提供灵活的方式，通过集成语义推理，广泛推广各类专题业务的智能应用。建立以自然语言为输入的智能地理信息系统，通过理解自然语言词汇对应的空间实体之间空间关系的形式化描述，得到所需要的、用自然语言表达的查询结果，这有助于提升空间信息公共服务平台及智慧城市的智能化水平。

面向自然语言的空间关系推理主要有空间关系描述、空间关系自然语言形式化表达、空间关系自然语言查询语句转换及自然语言查询等，在将空间对象抽象为不具有地理语义的空间几何体时，需要同时考虑不同地理特征类型所引起的语义差别影响。地理空间信息不仅是具有简单点、线、面的几何和属性特征的实体，更重要的是其为具有一定地理语义特征的实体，其描述和表达受到地理本体所属类型和语言环境的影响。地理本体是地理空间信息领域共享概念模型的明确的形式化规范说明。构建地理信息元数据本体对空间数据服务语义进行描述，并进行空间信息服务的自动发现，根据概念间的特征相似度、语义距离相似度和语义重合相似度进行匹配组合。基于地理本体及其语义的自然语言更符合人们对地理知识特点的表达，实现地理空间信息服务的自动发现和共建共享。

专题应用中，业务模板组合和封装了领域内的专家知识经验，包含了归纳总结的规则性工作模式和可重用的业务流程框架，可直接移植、裁剪、扩展、配置和组合，来构建应用系统。不同专业任务的业务模板，具有大粒度知识封装、服务质量（QoS）支持、服务资源可配置、嵌套组合的特点，可通过服务集成终端、业务构件、业务模板、业务逻辑、服务语义和资源管理模块等，形成以用户为导向的智能应用。从接触、感受、交互、获知和非理性认知这几个阶段体现以人为本的个性化主动服务模式，实现以用户为中心的地理服务解决方案。

3.5.3 互联网地理信息系统的机遇与挑战

数字城市地理空间框架建设已经取得阶段性成果。地理信息公共平台通过分布式存储、多节点协同、一站式服务，面向各级政府政务部门、地理专业用户和企事业普通公众提供基础地理空间数据资源和平台应用服务支撑，在城市规划、建设、管理和经济社会信息化发展方面发挥了重要作用。针对新形势和新问题，结合国内外智慧城市建设情况，地理空间信息技术科学面临全新的发展机遇和挑战。

1. 时空信息地理建模与空间化

数字城市地理空间框架建设阶段主要以分布式、一站式的地理信息资源为主，以网络在线方式提供数字化、网络化、协同化服务。智慧城市是在已建成的数字城市地理空间框架基础上，结合云计算和物联网技术，集成和融合物联网多种传感器信息，构建虚拟共享基础设施、数据、软件和平台，为用户提供鲜活化、虚拟化、灵性化的智能服务。智慧城市时空信息云平台，以直观表达的全覆盖精细地理信息和多历元地理信息为基础，接入物联网感知设备实时信息，面向泛在应用环境，按需提供地理信息、功能软件和开发接口服务，是带有时间维的空间信息和真实世界的连续再现，并能够依托物联网络反作用于真实世界。

建设智慧城市时空信息云平台，需要基于时空地理信息数据库集成平台，形成统一灵活的时空信息地理建模框架，其重点在于以真三维空间抽象表达地理现象，而不是在目前二维基础数据库上简单地扩展时间作为第三维属性，同时以时间-空间地理信息模型辅助空间分析，提供时空模拟、历史演变、未来预测预警等应用。时空信息云平台将以空间位置为中心，充分整合并广泛关联各种业务数据及泛在传感器感知信息，从管理空间信息转变为空间化管理所有信息。建立室内外一体化、高精度、高时空分辨率、多层次的语义位置时空信息数据库，重要的是完善泛在网络接入、加载和服务的标准协议，在充分发挥“时空信息的承载引擎”核心作用的同时，进一步完善二维、三维一体化的城市框架模型和室内外无缝导航与位置服务基础设施，实现广泛的时空信息地理建模与空间化。

2. 时空大数据一体化高性能智能处理

智慧城市通过物联网多传感器，实现“人与人、人与物、物与物”的互联互通。智能传感网完成动态观测数据的实时接入，并与主动推送无缝对接，针对海量时空大数据建立数据与用户之间的主动推送与反馈服务机制，提供多传感器数据的修改、关联、融合等在线处理能力。结合云计算环境，可以实现大数据的一体化高性能处理，以开放互操作方式满足不同背景、多类型、分时空的信息需要，真正实现聚焦服务和按需服务，实时快捷准确地进行并行和效用计算，发挥其在城市运行管理（如衣食住行、应急响应等）中的最大化核心价值。

如果将时变空变的实时接入数据先存储再处理，其价值将急剧减小，因此时空大数据一体化高性能处理的突出要求是快速、准确、灵性、全面。从传感网数据获取到网络传输集成融合，再到云端分析处理和输出，高性能、智能处理将全部以在线工作流引擎驱动，因此需要创新设计和突破海量大数据并行处理算法、资源动态均衡调度策略、异构数据融合机制、地理处理语义模型等。

3. 丰富语义信息的深度挖掘

“一库、一平台、多示范应用”模式的数字城市地理信息公共平台已经建立，可集成视频、街景、感应、气象等传感设备及信息，但仅是将其位置标注在地图上，或新窗口单独展现接入，缺乏信息的有效提取手段，也未能与空间信息有机整合，更未在空间分析和科学决策中充分利用这些专题信息，存在对海量丰富数据资源语义信息缺乏深度挖掘的问题。

所谓的丰富语义信息的深度挖掘，就是利用时空大数据分布式一体化管理与协同计算的机制，深入挖掘丰富的集成地理语义的信息，发展空间分析模型数据库并在此基础上进行数据处理流程再造。智慧城市建设中，通过充分挖掘各种专题业务数据，可以及时发现基于空间位置的多维时空相互关联关系及其演变规律，将地理信息系统从传统的展示、表现和模拟转变为融入业务的数据分析工具、科学决策支撑和日常办公助手，最大限度地发挥已有地理空间信息的价值，充分挖掘地理语义信息的巨大潜力，有效解决跨时空的复杂城市问题和服务民生方面的问题。

第 4 章 互联网地理信息系统技术与实现

传统的WebGIS是利用超文本标记语言（HTML）和活动服务器页面（ASP）作为主要的信息传输和表达工具的。但由于HTML和ASP仅擅长数据表达，页面生成后信息处于静态模式，不支持矢量图形，不能准确描述数据的内部结构和联系，因此不利于其对复杂的空间地理信息数据进行查询和整合。而随着计算机网络技术进步，出现了基于CGI、Plug-in、ActiveX和Java Applet等方式的实现方法，这些方法实现难易程度不同，具有不同的接口规范和优缺点。目前，较流行的是采用一系列在地理信息领域较权威和广泛认可的统一标准规范，构建不同粒度、不同主题、不同任务的互联网地理信息系统应用系统。

4.1 互联网地理信息系统客户端实现

传统上主要运用Java、ActiveX、CGI、Plug-in技术进行WebGIS的开发和实现，主要完成在Web页面上显示空间数据，执行基本的地图浏览、图文查询和简单空间分析任务，核心是通过接收来自服务器端的地理信息矢量编码、文本、图片等，通过内置或扩展Web浏览器实现数据的解译可视化。

4.1.1 服务器Java小程序

服务器Java小程序（Servlet）是运行在Web服务器中的Java小程序，相对于CGI的每次运行每次装载的低效率机制，Servlet的初始化方法可以驻留内存，因此具有较好的性能。一般Servlet运行需要相应Servlet引擎支持，Servlet引擎可以作为Web服务器扩展，Servlet引擎是Web服务器和JavaVM之间的桥梁，而Servlet必须运行在Web服务器中，受到Web服务器的诸多限制，因此单纯使用Servlet实现互联网地理信息系统具有较大的困难。

4.1.2 活动服务器主页

ASP是微软公司针对动态页面提出的解决方案，可以使用VBScript进行编程，开发简单，而且可以使用组件对象模型（component object model，COM）对象，是目前编写动态页面用得较多的一种方式，但其限制因素也很多。ASP.Net并非仅是下一代的ASP，它也为创建利用互联网的网络应用程序提供了全新的编程模型。ASP.Net解决了ASP存在的主要问题，是最新的网络应用程序开发利器，并具有以下优点：①高性能和强伸缩性；②增强的可靠性；③部署简单；④新的应用程序模型；⑤提高开发人员效率；⑥简单的编程模型；⑦灵活的语言选项；⑧丰富的类框架。

4.1.3 纯HTML/JavaScript客户端

在互联网部署的应用程序不能强制访问用户安装的独立运行软件或者浏览器插件，而通用浏览器支持HTML和JavaScript，使用纯HTML具有的最大好处是实现了真正的跨平台运行。JavaScript功能强大，在安全限制的保证下，JavaScript可以使用浏览器提供的强大的客户端功能，响应用户操作，实现地理信息系统交互操作。在新一代Web应用程序开发工具的支持下，纯HTML/JavaScript的客户端明显具有开发和部署的优势，如ASP.Net的服务器端编程模型及若干服务器端控件，可以根据客户端浏览器和移动设备自动产生适应客户端的纯HTML和JavaScript代码。

纯HTML/JavaScript的缺点是交互性较差，浏览器对其限制比较多，难以完成一些复杂的客户端操作。HTML和JavaScript并不支持交互式的绘图操作，实现复杂交互操作的难度较大，因此一般不在客户端实现复杂图形操作。通常情况下专业地理信息系统厂商将脚本进行不同层次的功能封装，以此满足应用系统的开发需求。与这种客户端相适应的体系结构，一般采用只传输地图处理结果的方式，适用于复杂地图和海量影像数据浏览。

4.1.4　Plug-in插件

在浏览器上安装插件可以改善软件运行交互性，也可以完成一些复杂的操作，但与传统的应用软件类似，插件软件也需要先安装再使用，也就是说若想进行地图浏览和交互，最终用户必须下载地理信息系统插件，因此传统软件中不同版本之间的兼容性及版本管理问题仍然存在。如果采用这种方式，不同的浏览器需要开发不同的插件，难以实现跨平台运行，而且下载插件需要花费较长的时间，因此对于不以地图访问为主的用户来说不太友好。且该实现方式一般用于局域网中，仅针对专业操作用户。浏览器插件方式一般将数据下载到客户端上显示，对于客户端的要求稍高。这种方式不适合处理海量数据和影像，主要用于小型的计算机辅助设计（computcr-aided design，CAD）图形的共享。

4.1.5　ActiveX组件

ActiveX是微软公司设计的主要用于互联网的轻量级组件，与浏览器插件基本类似。与浏览器插件相比，ActiveX 地理信息系统组件可以自动下载、自动注册、自动升级。ActiveX的接口遵循相同的标准，如果ActiveX 地理信息系统组件的体积较大，第一次下载和升级软件的时候，用户需要等待较长的时间，而且目前组件不能在Unix、Linux等系统下运行。

4.1.6　Java Applet程序

目前流行的程序语言Java具有较强的网络处理能力，Java语言经过多年的发展，在企业计算环境中建立了完善的解决方案和成熟的应用服务器框架。Java可以用于开发嵌入在浏览器内的客户端，即Java Applet（工作原理如图4.1所示），其跨平台运行特性一度得到大多数浏览器的支持，但是浏览器支持的Java版本各有不同，开发Applet的时候需要考虑版本的支持问题，浏览器不会自动下载其需要的Java运行环境。其用户的浏览器不支持GIS Java Applet，会造成WebGIS的客户端不能正常使用，从而出现异常。由于程序是在客户端执行的，避免了客户端程序和服务器之间不必要的信息流量，提高了整个网络的运行效率，但其主要缺点是速度较慢、图形表现能力不尽如人意。基于Java Applet方式的互联网地理信息系统的工作原理如下。

（1）Web浏览器发出地理信息系统数据显示操作请求。

（2）Web服务器接受用户请求，进行处理，将用户所要的GIS Java Applet传送给Web浏览器。

（3）客户端接收到Web服务器传来的地理信息系统数据和GIS Java Applet，启动GIS Java Applet，对地理信息系统数据进行处理，完成地理信息系统操作。

（4）GIS Java Applet在运行中，又可以向Web服务器发出数据服务请求。

（5）Web服务器接受请求，并将进行处理所需的地理信息系统数据对象传送给GIS Java Applet。

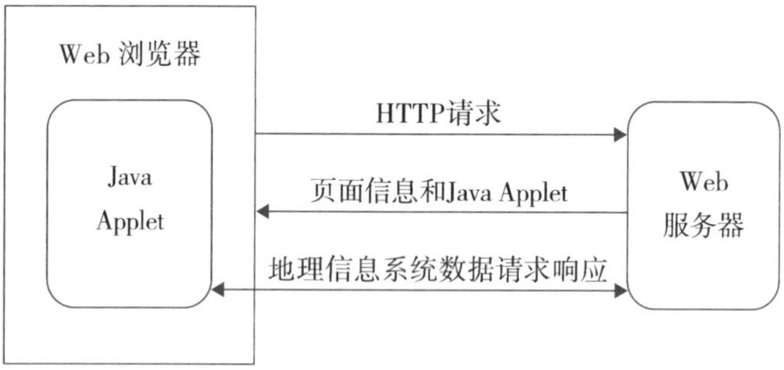

图4.1　Java Applet工作原理

4.2　空间信息服务框架

面向服务的体系架构为互联网地理信息系统的设计与构建提供了新的体系架构和概念模式，即将网络上的各种资源封装为服务的形式对外发布，提供标准的调用接口，使业务逻辑与具体执行相分离。SOA为互联网地理信息系统提供了新的架构支持，Web Service技术为互联网地理信息系统提供了具体的实现技术，OGC的各种服务规范提供了互联网地理信息系统空间信息服务的规范依据。本节重点研究基于空间信息服务技术的互联网地理信息系统的设计与实现，对空间信息的共享和增值进行了有益尝试，主要包括空间信息服务的概念及其相关的技术，体系架构及OGC的Web Service（WMS、WFS、WCS和WPS等）。

4.2.1　OWS服务架构

Web Service是一种能够在分布式网络环境下进行部署、发现、绑定和调用的组件模块单元，通过标准的协议，这些组件模块单元能够在分布式网络环境下提供特定的服务，不同的组件模块单元协同工作为用户提供复杂的功能服务。地理信息系统与Web Service技术相结合就产生了地理信息系统服务。OGC将地理信息系统服务定义为“不同函数级别的运用系统访问和使用地理信息的实现手段，不同部分的空间信息处理功能完全由服务提供的一系列通用标准接口实现”。地理信息系统服务能够实现系统间数据和功能的互操作，同时解决了地理信息系统和其他信息技术行业的运用系统集成问题。

OGC Web Service（OWS）启动项目的初衷是以现有的各种标准规范为基础，建立一个可进化的，能无缝集成各种空间数据服务、空间处理服务和位置服务等服务的框架，该框架能够在分布式网络环境下，实现异构地理信息系统之间通过XML和HTTP技术进行交互，并为各种在线的空间数据服务、传感器信息、位置服务和空间处理服务提供基于Web的发现、查询、分析和可视化的互操作。OWS是一个与厂商无关的互操作规范，通过它可以在Web上发现、存储、集成、可视化、分析各种空间数据、触感器感知的信息和位置信息，并得到地学处理能力。OWS中的每一个信息服务都是独立的，可以被发现和定位，OWS中的信息服务本身作为一个服务的提供者能够被其他信息服务调用，同时它又是一个服务消费者，能够获取并调用其他信息服务。

OWS规范被各大地理信息系统软件开发商和科研单位广泛接受，已经成为空间信息服务互操作的标准规范，OWS框架定义了用于具体实现的具体规范，并为异构地理信息系统服务平台之间实现信息交流提供了基本模型的抽象规范。

OGC提出了20个不同的主题抽象规范：综述、要素几何体、空间参考系统、定位几何体结构、存储函数与插补、精度、要素、时空数据类型、地球影像、要素之间的关系、要素集合、元数据、OpenGIS服务体系结构、目录服务、语义和信息团体、图像探索服务、图像坐标转换服务、移动定位服务、地理空间资源数字证书管理参考模型、空间信息Web Service的框架结构定义。20个抽象规范将空间信息服务划分为多源集成运用客户服务、目录与注册服务、描绘服务、数据服务、处理服务和编码六大类别。

（1）多源集成运用客户服务：主要实现客户端的基本运用，如人机交互、与数据服务和功能服务交互的客户端运用程序。服务对象主要包括发现客户、符号管理客户、增值客户、影像使用客户、地图查询客户和传感器Web客户等。

（2）目录与注册服务：提供了Web空间信息资源的分类、注册、描述、搜索、维护和访问的通用机制，主要包括数据类型注册、数据实例注册、服务类型注册、服务实例注册、地图符号注册等。

（3）描绘服务：提供了空间信息可视化的基本功能，通过给定的输入内容生成可视化的地图输出，主要包括网络地图服务、栅格图描绘服务、网络地形服务等。

（4）数据服务：提供空间数据的基本服务，包括WCS、WFS、传感器观测服务（sensor observation service，SOS）、Web对象服务和影像分析服务等。

（5）处理服务：提供对空间数据及其元数据处理的基本服务和增值服务，主要包括坐标变换服务、地名服务、空间分析服务、地理编码服务等。

（6）编码：为了实现空间信息的互操作，OpenGIS框架中的编码都是以XML为基础的，包括GML、风格化图层描述器（styled layer descriptor，SLD）、标识地理包（Geopackage）、位置组织者文件夹（location organizer folder，LOF）和元数据等。

4.2.2　ISO19119空间信息服务

ISO19119定义了空间信息扩展的开放系统环境（extended open system environment，EOSE）模型，该模型在它提供的计算机语义类型的基础上定义了服务类，EOSE模型通过扩展为更加广泛的EOSE模型，还能提供空间信息服务的功能分解。ISO19119定义了六种空间信息服务（图4.2）。

（1）地理人机交互服务。主要实现客户端的基本运用，如人机交互、与数据服务和功能服务交互的客户端运用程序，主要包括：

——目录视图。允许用户和目录进行交互和查找，浏览和管理空间数据或地理服务元数据的客户端服务。

——地理视图。允许用户查看覆盖数据或者数据集的客户端服务，允许客户端和地图数据之间的显示，实现叠置和查询等交互。同时允许将不同时期的相同地点的数据组成动画视图，允许地图数据的拼接。

——服务编辑器。允许控制地理处理服务的客户端服务，包括理解服务、调用服务、状态更新服务、峰值性能调度服务、与服务链交互的服务。

此外，还包括空间数据结构视图、要素综合编辑器、地理符号编辑器、地理特征编辑器、工作流执行管理器、服务链定义器等。

— Geographic human interaction services
（地理人机交互服务）
— Geographic mode/information management services
（地理模型/信息管理服务）
— Geographic workflow/task management services
（空间服务链和任务管理服务）
— Geographic processing services
（地理处理服务）
　— Geographic processing services-spatial
　（地理空间数据的处理服务）
　— Geographic processing services-thematic
　（地理专题数据处理服务）
　— Geographic processing services-temporal
　（地理空间时态数据处理服务）
　— Geographic processing services-metadata
　（空间数据元数据处理服务）
— Geographic communication services
（地理通信服务）
— Geographic system management services
（地理系统管理服务）

图4.2 ISO19119定义的空间信息服务分类

（2）地理模型/信息管理服务。该服务为管理元数据、概念模式和数据集的开发、操纵、存储的服务。主要包括要素获取服务、地图获取服务、覆盖数据获取服务、传感器描述服务、产品获取服务、目录服务、注册服务、名录服务、订单处理服务。

（3）空间服务链和任务管理服务。该服务为支持特殊任务或者和工作相关活动的服务，支持涉及活动序列的资源和产品开发的服务。主要包括服务链定义服务、工作流执行服务和订阅服务。

（4）地理处理服务。该服务为涉及大量数据的大规模计算服务，处理服务不需要具有提供持久化数据存储和在网络上数据交换的能力。地理处理服务主要包括：

——地理空间数据的处理服务，包括坐标转换服务、矢量栅格转换服务、影像数据坐标转换服务、影像数据分类服务、影像数据正射校正服务、传感器几何模型调整服务、采样服务、要素综合服务、定位服务和临近分析服务等。

——地理专题数据处理服务，包括地理参数计算服务、要素综合服务、子集服务、空间计算服务、变化检测服务、地理信息抽取服务、影像处理服务、影像合成服务、多波段影像处理服务、目标检测服务、地理编码服务等。

——地理空间时态数据处理服务，包括时间参考系统转换服务、子集服务、采样服务、时间临近度分析服务。

——空间数据元数据处理服务，包括统计计算服务和地理标注服务。

（5）地理通信服务。该服务为跨越通信网络的数据编码和数据传输的服务，主要包括编码服务、转换服务、地理压缩服务、格式转换服务、消息服务以及远程文件和可执行管理服务。

（6）地理系统管理服务。该服务为管理系统组件、运用程序和网络的服务，这些服务同时包含对用户账户和进入权限的管理。

4.3 空间信息服务规范

4.3.1 WMS规范

网络地图服务（WMS）主要根据用户的请求返回具有地理参考的地图，地图格式可以是PNG、GIF、JPEG等栅格图像格式，也可以是SVG或者GML的矢量格式。WMS支持HTTP。WMS定义了三个操作，其中任何一个WMS必须定义GetCapabilities和GetMap这两个重要操作。

（1）GetCapabilities可获取服务的元数据，这些元数据是机器可读的，定义了服务器的内容和接受的请求参数，如表4.1所示。

表4.1　GetCapabilities请求参数

请求参数	必选或可选	描述
Version=version	可选	WMS的版本信息
Service=WMS	必选	服务的类型
Request=getCapabilities	必选	请求操作的名称
Format=MIME_type	可选	服务元数据返回的格式
UpdateSequence=string	可选	缓存控制的序列号

（2）GetMap可返回请求的特定需求格式的地图数据，表4.2为GetMap请求参数。

表4.2　GetMap请求参数

请求参数	必选或可选	描述
Version=1.3.0	必选	WMS的版本信息
Request=getMap	必选	请求操作的名称
Layers=layerlist	必选	请求的图层列表
Styles=stylelist	必选	请求的图层样式列表
CRS=epsg**	必选	请求的坐标参考系统
BBOX=(minX,minY,maxX,maxY)	必选	请求的边界盒大小
Width=width	必选	输出地图的宽度
Height=height	必选	输出地图的高度
Format	必选	输出地图的格式
Transparent=true|false	可选	输出地图是否透明
BGColor	可选	输出地图的背景颜色，为16进制值
Exceptions	可选	输出格式（XML格式）错误时的异常
Time	可选	请求的时间

（3）GetFeatureInfo为可选的操作，返回请求的特定要素信息。该请求的作用是提供给客户端关于GetMap请求返回的地图图像里要素的更多信息，具体请求参数如表4.3所示。

表4.3　GetFeatureInfo请求参数

请求参数	必选或可选	描述
Version=1.3.0	必选	WMS的版本信息
Request=getFeatureInfo	必选	请求操作的名称
Map Request Part	必选	地图请求参数的部分复制
Query_Layers= layerlist	必选	请求的图层列表
Info_Format	必选	要素信息的返回格式(MIME_type)
Feature_Count	可选	返回信息的要素的数量
I	必选	待查询点在图像上的行像元值
J	必选	待查询点在图像上的列像元值
Exceptions	可选	输出格式(XML格式)错误时的异常

此外,WMS规范还定义了一些其他操作,如DescribeLayer、GetLegendGraphic、GetStyles、setStyles。WMS的工作流程图如4.3所示。

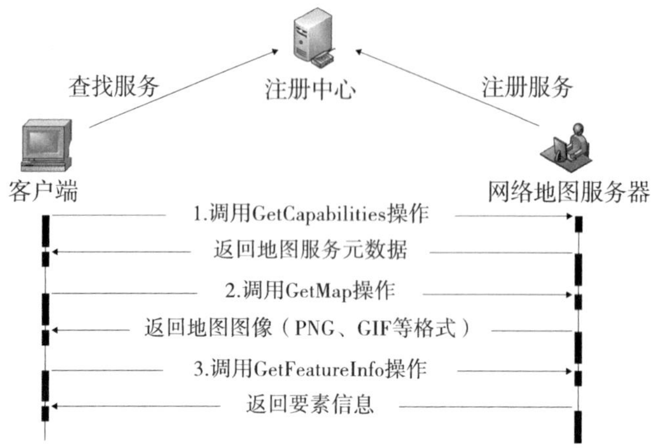

图4.3　WMS工作流程

首先客户端向Web地图服务器提交GetCapabilities请求,Web地图服务器返回可用的地图服务元数据。客户端根据返回的地图服务元数据向Web地图服务器提交GetMap请求,Web地图服务器接受客户端的请求并处理:如果没有异常,返回客户端请求的地图图像;如果存在异常就抛出异常。如果客户端想查询图层要素的信息,就向Web地图服务器提交GetFeatureInfo请求:如果没有异常,返回客户端请求的图层要素信息;如果存在异常就抛出异常。

4.3.2　WCS规范

网络覆盖服务(WCS)规范提供完整的、原始的、未经渲染的、包含空间位置信息和属性信息的地理空间信息数据,其数据可以在客户端进行渲染也可以成为地理模型或者其他复杂的客户端的输入内容。WCS的三个重要操作如下。

(1)GetCapabilities可返回服务的描述信息,返回信息是服务级别的元数据。具体的请求参数与WMS相似。

(2)GetCovrage是在GetCapabilities确定查询方案和需求获取的数据之后执行的操作,返回地理位置的值或者属性数据,请求参数如表4.4所示。

表4.4　GetCovrage请求参数

请求参数	必选或可选	描述
Version=1.0.0	必选	WCS的版本信息
Request=GetCovrage	必选	请求操作的名称
Service	必选	请求服务的名称
Identifier	必选	请求的WCS唯一标识符
DomainSubset	必选	定义需要的确定的覆盖的子集
rangeSubset	可选	定义需要的确定的覆盖的范围
Output	必选	输出设置

（3）DescribeCoverageType可返回图层结构的描述信息，请求参数如表4.5所示。

表4.5　DescribeCoverageType请求参数

请求参数	可选或必选	描述
Version=1.0.0	必选	WCS的版本信息
Request=Describe CoverageType	必选	请求操作的名称
Service	必选	请求服务类别
Identifier	必选	待描述的WCS的名称列表

4.3.3　WFS规范

网络要素服务（WFS）主要提供矢量数据，支持对要素的插入、更新、删除和查询，WFS根据客户端的HTTP请求返回GML格式的简单空间特征数据。WFS支持的三种主要操作如下。

（1）GetCapabilities可产生描述服务器提供的WFS的服务元数据文档。所有的WFS应该执行KVP编码的GetCapabilities操作。具体的请求参数与WMS相似，并且提供了KVP键值对形式和XML文档形式的请求格式。

采用KVP请求的格式如下：

```
http://32.255.127.102:8080/smartserver/wfs?version=1.1.0&service=wfs&request=
getCapabilities
```

XML格式的请求格式如下：

```
<xsd:element name="GetCapabilities"type="wfs:GetCapabilitiesType"/>
<xsd:complexType name="GetCapabilitiesType">
<xsd:complexContent>
<xsd:extension base="ows:GetCapabilitiesType">
<xsd:attribute name="service" type="ows:ServiceType" use="required" fixed="WFS"/>
</xsd:extension>
</xsd:complexContent>
</xsd:complexType>
```

（2）DescribeFeatureType可返回要素结构的描述信息，具体请求参数如表4.6所示。结构描述定义了WFS如何定义要素实例的输入编码和要素实例的输出编码，方便客户端进行查询和其他操作。

表4.6 DescribeFeatureType请求参数

请求参数	可选或必选	描述
Request=DescribeFeatureType	必选	请求操作的名称
TypeName	可选	待描述的要素类列表
OutputFormat	可选	要素描述信息的输出格式

(3) GetFeature可以根据客户端的查询条件从数据集中返回一个GML格式的简单空间特征数据的选择集,具体请求参数如表4.7所示。

表4.7 GetFeature请求参数

请求参数	可选或必选	描述
TypeName	必选	待查询的要素类列表
Request=getFeature	必选	请求操作的名称
OutputFormat	可选	响应的格式,支持TEXT、XML、GML
ResultType	可选	标示响应文档是一个完整的,还是返回部分要素的
PropertyName	可选	待查询要素的属性名称列表
FeatureVersion	可选	返回指定版本的数据
MaxFeatures	可选	查询支持最大的要素的数目
SRSName	可选	要素类的坐标参照系统
FeatureID	可选	待查询要素的要素ID
Filter	可选	查询过滤器
BBOX	可选	指定查询的范围
SortBy	可选	查询的结果排序方式

此外,GetPropertyValue允许通过查询表达式从数据集获取要素属性值或者一部分复杂要素属性值。

WFS规范同时还提供了一些其他的接口,如Transaction和LockFeature。Transaction不仅提供要素的读取功能,还支持要素的在线编辑和事务处理。LockFeature可以在WFS事务处理期间对要素进行锁定操作,保证对要素操作的安全性和连续性。WFS的工作流程如图4.4所示。

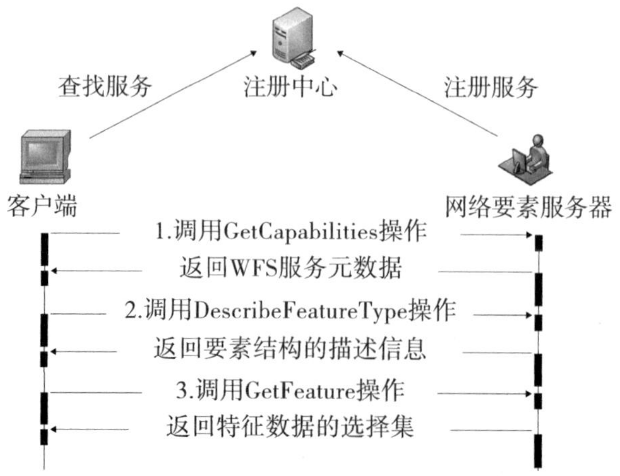

图4.4 WFS工作流程

客户端向Web要素服务器提交GetCapabilities请求，Web要素服务器返回可用的要素服务元数据。客户端根据返回的要素服务元数据向Web要素服务器提交DescribeFeatureType请求，Web要素服务器接受客户端的请求并处理：如果没有异常，返回客户端要素结构的描述信息；如果存在异常就抛出异常。如果客户端想获取图层要素，就向Web要素服务器提交GetFeature请求：如果没有异常，Web要素服务器接受客户端提交的请求参数，调用GetFeature操作，并向客户端返回特征数据的选择集（请求的图层要素信息）；如果存在异常就抛出异常。

4.3.4　WPS规范

网络处理服务（WPS）主要提供分布式网络环境下的地理信息系统空间处理功能服务，WPS可以实现从简单的空间分析操作到复杂的全球气候变化模型计算等几乎所有功能。WPS支持的三个主要操作如下。

（1）GetCapabilities可返回服务级的元数据，即服务器中可用的数据处理的描述信息。请求的参数与WMS请求的参数相似。

（2）DescribeProcess可返回可用数据处理过程的输入和输出类型，以及相应的参数的描述信息。

（3）Execute可提供输入数据和必要参数的调用的执行过程，具体请求参数如表4.8所示。

表4.8　Execute请求参数

请求参数	必选或可选	描述
Service	必选	请求的服务的名称，这里服务名称为WPS
Request=Execute	必选	请求操作的名称
Version	必选	WPS的版本信息
Identifier	必选	指定的处理标识符
Datainput	可选	处理请求的输入参数
ResponseForm	可选	处理的返回值的数据结构
Language	可选	语言

WPS的工作流程如图4.5所示。

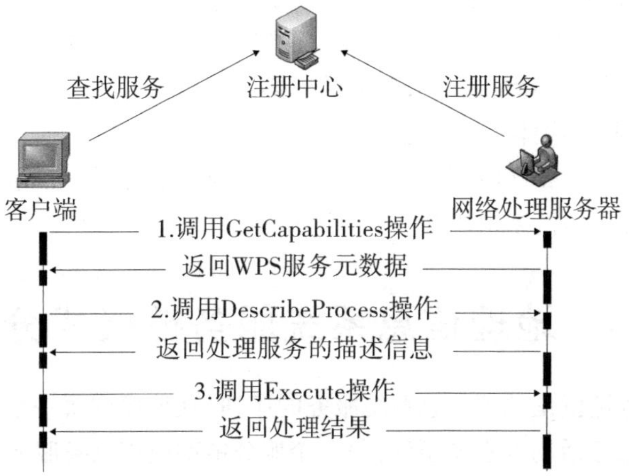

图4.5　WPS工作流程

首先客户端向Web处理服务器提交GetCapabilities请求，Web处理服务器返回可用的处理服务元数据。客户端根据返回的处理服务元数据向Web处理服务器提交DescribeProcess请求，Web处理服务器接受客户端的请求并处理：如果没有异常，返回客户端可用数据处理过程的输入和输出类型，以及相应的参数的描述信息，即返回处理服务的描述信息；如果存在异常就抛出异常。客户端再向Web处理服务器提交Execute请求：如果没有异常，Web处理服务器接受客户端提交的输入数据和必要参数，并调用执行过程，向客户端返回处理结果；如果存在异常就抛出异常。

4.3.5 GML编码

地理标记语言（GML）是一种基于XML的，用于空间数据（几何信息和属性信息）建模、传输、存储和表达的标记语言。地理标记语言提供了包括要素集合、坐标系统、几何要素、拓扑关系、时间和测量单位等信息来描述一个空间实体，它是互联网上地理系统的标记语言，也是开放的空间信息交换格式。与XML相类似，GML包含描述文档结构的规范和包含空间信息的实例文档两部分，GML有效地实现了空间数据、非空间数据的内容和表现形式的分离，使得空间数据和非空间数据之间的整合更加容易。同时，它基于OGC提供的公共地理模型和ISO19100系列规范，实现了分布式网络环境下的多源异构空间信息集成和共享，因此已经被广泛运用于空间信息服务交互的互操作中。

GML2.0标准基于表4.9所示的三个XML模式，任何GML的运用都是以这三个模式为基础，配合使用进行扩展的，以描述特定任务需求的数据和信息。

表4.9 GML模式

模式名称	说明信息
Geometry.xsd	基本几何要素的定义，既包含了抽象几何要素，如具体点、线、面空间几何要素的类型定义，又包含基础地物类型的复杂类型的定义
Feature.xsd	基本的地物特征/属性模型的定义
Xlink.xsd	实现链接功能

最新的GML3.0规范在GML2.0规范的基础上又增加如下特征。

（1）曲线、表面和实体等复杂的空间几何要素的定义。

（2）支持拓扑关系，可以表示有向的点、线、面和三维实体及其空间关系。

（3）提出了建立元数据与特征属性间联系的框架。

（4）增加了时间和移动物体的表达能力。

（5）增强了扩展机制，GML3.0提供了一套基本的集合对象的Schema和数据模型，通过它们用户可以使用限制机制和拓展机制构建自己的应用Schema。

4.4 地理信息系统服务链模式分析

地理信息系统服务链就是地理信息系统服务的序列，在该序列每一个相连的服务对中，前一个服务活动是后一个服务活动的必要条件，每一个服务链都应该具备服务的查找、组合和执行的能力。

根据用户对服务链的控制能力的不同，可以将地理信息系统服务链分为透明链（用户自定义链)、不透明链(集成服务链)和半透明链(流程管理链)三种类型。

4.4.1　透明链

透明链用户对服务链控制能力最强,用户自行负责服务链的定义,根据用户的需求从服务注册中心查找并评估查找的服务是否满足需求。用户定义并控制单个服务的执行顺序,组合查找到的符合需求的各单个互补的服务,组成服务链,服务的细节针对用户是透明的。各单个互补的服务的输入和输出对象必须是相互兼容的,或在中间加入格式转换等这样的干预服务。这种类型的服务链假设每一个单个的服务有足够的资源去运行,但是用户必须考虑网络带宽、安全和认证等因素。服务链的语义的正确性也是由用户决定的,用户定义的服务链可以反复执行,直到获得用户所需的正确结果。透明链的专业性强,对用户的专业知识的要求较高。表4.10为透明链执行步骤。

表4.10　透明链执行步骤

步骤1:搜索请求	用户使用一个客户端发送一个搜索请求(或搜索系列)到目录服务,目录服务提供有关的服务元数据的查询
步骤2:搜寻结果	目录服务返回用户感兴趣的服务的元数据信息
步骤3:调用服务	用户使用浏览器调用服务,返回的结果可作为随后服务的输入
步骤4a:调用服务	用户通过浏览器调用第二个服务,该请求包含一个从上一步返回的结果的参考,调用返回可以作为下一步输入的结果
步骤4b:请求输入	
步骤5a:调用服务	用户通过浏览器调用第三个服务,该请求包含一个从上两步返回的结果的参考,第三个调用返回一个结果到客户端
步骤5b:请求输入	
步骤5c:请求输入	

4.4.2　不透明链

不透明链用户对服务链控制能力最差,整个不透明链是以单个服务的形式出现的,不透明链事先定义好隐藏在内部的所有互补的单个服务的协作问题。对用户而言,用户不清楚在不透明链的背后,各个互补的单个服务链具体的细节,用户只需要从注册中心查找符合用户需求的、预先定义好的不透明服务链,调用即可返回所需的结果,用户不需要了解服务的执行过程,但有可能需要提供特定服务的执行参数。不透明链对用户的专业需求较低,不透明链处理执行服务链中的分布式计算的各个方面的细节,不能满足空间信息领域的专业用户的复杂需求。表4.11为不透明链执行步骤。

表4.11　不透明链执行步骤

步骤1:调用一个服务	用户通过客户端请求不透明服务执行服务链,该用户可能不知道该服务是通过使用一个不透明链来实现的
步骤2:调用服务	不透明服务决定服务链中的服务,调用第一个服务;第一个服务通知不透明服务链任务完成的状况
步骤3a:调用服务	在第一个服务完成状况的基础上,不透明服务链决定服务链中第二个服务并调用,第二个服务从第一个服务请求输入,服务通知不透明服务链任务完成的状况
步骤3b:请求输入	

续表

步骤4a：调用服务	在第二个服务完成状况的基础上，不透明服务链决定服务链中第三个服务并调用，第三个服务从第一个服务和第二个服务请求输入，服务通知不透明服务链任务完成的状况
步骤4b：请求输入	
步骤4c：请求输入	
步骤5：服务链结果	在最后一个服务完成状况的基础上，不透明服务链通知客户端服务链的完成状况，并返回结果

4.4.3 半透明链

半透明链是预先定义好的服务链，只是将服务的流程定义送入工作流引擎，工作流引擎负责流程的执行并监控返回结果。在半透明链中，用户调用工作流管理服务或调用多工作流服务来控制服务链的执行，需要用户对每一个独立服务都很了解，用户参与的工作就是与工作流交互，并监视服务链的执行，提供满足需求的数据实例的具体参数。在服务链中引入工作流技术，便于空间信息服务的业务流程定义和监控，用户具有更大的灵活性和控制力。为了减轻用户的负担，工作流负责处理执行服务链分布式计算的各方面的细节。半透明链执行步骤如表4.12所示。

表4.12 半透明链执行步骤

步骤1：调用服务链	用户通过客户端请求工作流服务去执行服务链，用户允许在执行服务链之前修改服务链的一些方面
步骤2a：调用服务	工作流服务决定服务链中的服务，调用第一个服务；服务通知工作流服务任务完成的状况，服务的状态直接向客户端提供，客户端可以停止服务的执行
步骤2b：服务状态	
步骤3a：调用服务	在第一个服务完成状况的基础上，工作流服务决定工作流中第二个服务并且调用，第二个服务从第一个服务请求输入，服务通知工作流服务任务完成的状况，服务的状态直接向客户端提供，客户端可以停止服务的执行
步骤3b：请求输入	
步骤3c：服务状态	
步骤4a：调用服务	在第二个服务完成状况的基础上，工作流服务决定工作流中第三个服务并且调用，第三个服务从第一个服务和第二个服务请求输入，服务通知工作流服务任务完成的状况，服务的状态直接向客户端提供，客户端可以停止服务的执行
步骤4b：请求输入	
步骤4c：请求输入	
步骤4d：服务状态	
步骤5：服务链结果	在最后一个服务完成状况的基础上，工作流服务通知客户端服务链完成的状况

这三种服务链模式可以单独存在，也可以以一个单独的服务存在，还可以递归地进行相互调用，形成新的服务链。定义递归组合服务的能力，提供了可扩展性和自上而下的逐步求精及自下而上的聚合支持。服务链的三种模式可以被用来定义如何构建服务链库，有经验的用户可以用透明链构建服务链，然后再反复使用透明链构建出满足实际需求的、更加复杂的服务链。例如，不透明链可能被当作一个接口构建起来，从而实现反复使用。

第 5 章　互联网地理信息系统常用平台开发技术

互联网地理信息系统开发平台，是实现互联网地理信息系统应用程序的重要载体和手段，掌握常用的互联网地理信息系统平台开发方法和技术是地理信息系统实际应用的需求，也是深入理解和提高互联网地理信息系统技术与方法水平的必由之路。本章介绍了互联网地理信息系统应用系统中商业软件、开源软件等常用平台，侧重研究了常用互联网地理信息系统平台的分类与技术特点。本章重点探讨了当前主流的ArcGIS Server平台开发方法，这是市场占有率比较高的互联网地理信息系统研发方式。同时，阐述了基于天地图应用程序接口（API）的开发方法，这是国家测绘地理信息发展与主推的地图与地理信息服务模式。最后介绍了基于OpenLayers API的开发技术，其在轻量级、地理信息系统功能需求不复杂的情况下具有开源、免费、简单、易上手等特点。以上这些均是互联网地理信息系统常用开发平台，本章从平台简介、特点、开发方法等方面进行了研究和探索。

5.1　互联网地理信息系统开发平台概述

本节介绍国内外几种常用的互联网地理信息系统开发平台，并对互联网地理信息系统的实现技术进行深入阐述，使读者根据自己的需求进行平台及实现技术的选择。

5.1.1　国内外常见的互联网地理信息系统产品

国外几种常见的互联网地理信息系统产品主要有MapInfo公司的MapInfo ProServer软件、Intergraph公司的GeoMedia Web Map软件、Esri公司的Internet Map Server（IMS）软件、Autodesk公司的MapGuide软件，以及Bently公司的ModelServer / Discovery软件。从与数据库的动态链接性能上来看，GeoMedia Web Map和MapGuide比较突出；在服务器端方面，IMS、MapInfo ProServer和ModelServer / Discovery有较强的空间查询功能；在客户端方面，MapInfo ProServer和IMS在客户端支持多种平台，而GeoMedia Web Map和MapGuide仅仅支持使用Windows系列操作系统的浏览者；如果用于建立局域网的应用，选择传递矢量图形的GeoMedia Web Map、ModelServer/Discovery和MapGuide较好，由于它们所需要的插件和ActiveX控件可以统一分发、预先安装，因此客户端具有较强的交互性和较快的响应速度。

国内几种常见的互联网地理信息系统产品主要包括北京超图公司的SuperMap IS.Net、武汉奥发科技工程有限公司开发的AF Internet GIS、国家遥感应用工程技术研究中心网络与运行工程部独立开发的地网GeoBeans、武汉吉奥信息工程技术有限公司的GeoSurf等软件。

5.1.2 常见互联网地理信息系统产品技术及开发平台

服务器端技术基本上都是在互联网信息服务(internet information service, IIS)的基础上进行扩展的，如CGI、ISAPI、ASP.NET等，下面分别就它们的优缺点进行比较分析。

(1) CGI是Web服务器调用外部应用程序的接口。它允许网页用户通过网页的命令来启动一个存在于网页服务器主机的程序(称为CGI程序)，并且接收这个程序的输出结果。当用户发送一个请求到Web服务器，服务器将通过CGI把该请求转发给后端运行的地理信息系统服务程序，由地理信息系统服务程序生成结果交给Web服务器，Web服务器再把结果传递到用户端显示。内联网地理信息系统最早使用的是CGI技术。基本上所有的计算机语言都可以用来扩展CGI程序，这种系统的好处是程序简单，但由于它的简单，比起商业化的制图软件则显得能力不足，而大多数商业地理信息系统软件并没有设计批处理运行方式。

(2) IIS编程接口(ISAPI)与CGI运行方式类似，所不同的是ISAPI一旦启动，即驻留在内存中，而且是在进程内执行，所以效率比CGI高一些。但是由于只能使用C++语言或C语言编程(实际上只有Visual C++开发环境提供了比较完善的支持，因此一般只有在使用Visual C++时才使用该方式)，且只能用于IIS，所以影响到该技术的使用范围。

(3)地理信息系统服务器GeoServer是OpenGIS Web服务器规范的J2EE实现，利用GeoServer可以方便地发布地图数据，允许用户对特征数据进行更新、删除、插入等操作，通过GeoServer可以比较容易地在用户之间迅速共享空间地理信息。GeoServer的主要特性包括兼容WMS和WFS特性，支持PostGIS、Shapefile、ArcSDE、Oracle、VPF、MySQL、MapInfo，支持上百种投影，能够将网络地图输出为JPEG、GIF、PNG、SVG、KML等格式，能够运行在任何基于J2EE/Servlet的容器上，嵌入MapBuilder支持AJAX的地图客户端等。除此之外还包括许多其他特性。

(4) ArcGIS Server自ArcGIS10.1版本起正式更名为ArcGIS for Server，本书仍使用ArcGIS Server名称。ArcGIS Server是一款功能强大的、基于服务器的地理信息系统产品，用于构建集中管理的、支持多用户的、具备高级地理信息系统功能的企业级地理信息系统应用与服务。ArcGIS Server目前已代替ArcIMS：ArcIMS适合高性能的地图数据发布，它提供的功能比较简单(只具备地图浏览、可视化与查询等的操作)；而ArcGIS Server可以实现所有ArcEngine组件可以实现的功能，包括一些高级的地理信息系统空间分析功能。

(5) SuperMap IS.NET是一款高性能的企业级互联网地理信息服务发布与开发平台，采用面向互联网或内联网的分布式计算技术，提供可伸缩、多层次的互联网地理信息系统解决方案，全面满足互联网地理信息系统应用系统建设的需求，支持跨区域、跨网络的复杂大型网络应用系统集成，为企业级地理信息系统应用提供强大而可靠的支持，从而使用户可以快速开发定制化的地理信息服务系统。SuperMap IS.NET完善的地理信息系统功能服务、灵活的开发结构和丰富的SDK为各种类型的地理信息系统应用系统的构建与集成提供了强大的平台。

SuperMap IS.NET是互联网地理信息发布系统的开发平台，提供空间信息的管理与发布功能，提供网络分析、空间分析、栅格分析和交通换乘分析等多种地理信息系统功能，并具有空间信息在线编辑能力，可以为企事业单位提供不同层次的解决方案，全面满足互联网地理信息系统的应用需求。使用SuperMap IS.NET产品，用户不仅可以快速建立基于地图的互联网或内联网地理信息服务网站，还能快速开发定制化的地理信息服务系统。其特点包括：完善的地理信息系统功能服务；多样的互联网地理信息系统开发框架与范例；开放的共享服务，支持异构系统无缝集成；优化的多级智能缓存技术；强大的分布式层次集群技术；多源数据集成和海量数据访问。

5.2　基于ArcGIS Server的开发

ArcGIS Server是用户创建企业级地理信息系统应用的平台，通过ArcGIS Server可以创建集中管理的、支持多用户的、提供丰富地理信息系统功能的，并且满足工业标准的地理信息系统应用。ArcGIS Server提供广泛的基于Web的地理信息系统服务，以支持并实现在分布式环境下的空间数据管理、制图、地理处理、空间分析、编辑和其他地理信息系统功能。

5.2.1　ArcGIS Server概述

ArcGIS Server是一个基于Web的企业级地理信息系统解决方案，从9.0版本开始才加入Esri产品家族。ArcGIS Server是一套用于开发基于网络的企业型服务器端程序的组件集，服务器端包括Web Service、Web应用程序和企业级Java Bean（enterprise Java Bean，EJB）等，它为创建和管理基于服务器的地理信息系统应用提供了一个高效的平台。它充分利用了产品的核心组件库ArcObjects（AO），并基于工业标准提供地理信息系统服务。ArcGIS Server将两项功能强大的技术——地理信息系统和网络技术结合在一起：地理信息系统擅长空间相关的查询、定位、分析和处理；网络技术则实现全球互连，促进信息共享。这两项技术协同合作，构成了ArcGIS Server的主要功能。

ArcGIS Server是一个用于构建集中管理、支持多用户的企业级地理信息系统应用的平台软件。ArcGIS Server产品包括两个部分。一个是GIS Server，它是一个提供地理信息系统服务的服务器端软件产品，包括一系列核心AO库和运行这些AO组件的环境。另一个是应用程序开发框架（application developer framework，ADF）：它有Java和.NET两种组件包，是用来开发和部署基于GIS Server的Web应用程序的产品，包括组件对象及与互联网地理信息系统相关的Web控件、通用的Web模板和开发帮助；它还有一个Web应用程序的Runtime，专门用于发布和部署使用ADF开发的程序，如ASP.NET等。

GIS Server是一套地理信息系统服务器组件，专门用来管理和发布地图服务，安装在地理信息系统服务器上。ADF是供开发人员使用的开发组件集（开发包），安装在开发人员的机器上。Web应用程序、Web服务和桌面端程序都可以使用ADF。ADF Runtime是专门用于部署开发人员的GIS Web程序和GIS Web Service的运行环境，安装在服务器上。服务器和开发人员的计算机可以是同一台机器，也可以是不同的机器。

ArcGIS Server作为服务器端的软件，与传统的桌面端地理信息系统软件和基于浏览器和服务器（B/S）架构的互联网地理信息系统软件有许多不同。与以往的互联网地理信息系统产品相比，它不仅具备发布地图服务的功能，而且还具有在线编辑和强大的分析能力，这对于互联网地理信息系统的发展是非常有意义的。ArcGIS Server又是基于Web的，它不仅可以为局域网用户提供地理信息系统服务，还可以为广大的互联网用户提供地理信息系统服务，且其提供的功能与桌面软件基本相当。

ArcGIS Server为开发者带来了许多可喜的改进，与过去的互联网地理信息系统产品相比，它不仅具备发布地图服务的功能，而且还具有灵活的编辑功能和强大的分析能力，这对于互联网地理信息系统发展具有里程碑意义。ArcGIS Server基于强大的核心组件ArcObjects搭建，并且以主流的网络技术作为其通信手段，所以它具有许多优势和特点，具体内容如下。

（1）集中式管理带来的成本降低。无论对于数据的维护和管理还是对于系统的升级，都只需要在服务器端进行集中的处理，而无须在每一个终端用户上做大量的维护工作。这不但极大地节约了投入的时间成本和人力资源，而且有利于数据一致性的提高。

（2）瘦客户端也可以享受到高级的地理信息系统服务。过去只能在庞大的桌面软件上才能实现的高级地理信息系统功能的时代终止于ArcGIS Server的出现。ArcGIS Server搭建的企业地理信息系统服务使得客户端通过网络浏览器（IE、Netscapes）即可实现高级的地理信息系统功能。

（3）使互联网地理信息系统具备了灵活的数据编辑和高级的地理信息系统分析能力。用户在野外作业时可以通过移动设备直接对服务器端的数据库进行维护和更新，这大大减少了回到室内后的重复工作量，为野外调绘和勘察提供了极大的便利。另外，ArcGIS Server可以实现网络分析和3D分析等高级的空间分析功能。

（4）支持大量的并发访问，具有负载均衡能力。ArcGIS Server采用分布组件技术，可以将大量的并发访问均匀地分配到多个服务器上，大幅度降低响应时间，提高并发访问量。

（5）可以根据工业标准很好地与其他的企业系统整合，进行协同工作，为企业经营管理提供支持。将地理信息系统与客户关系管理（customer relationship management，CRM）系统整合可以发挥地理信息系统的独特优势，从而打破地域限制，更好地进行客户资源的开发，提供客户满意的产品和服务。ArcGIS Server的出现使得开发者可以利用主流的网络技术（如.Net和Java）来定制适合自身需要的互联网地理信息系统解决方案，具有更大的可伸缩性来满足多样化的企业需求。

5.2.2 ArcGIS Server使用

ArcGIS Server是一个分布式系统，由分布在多台机器上的各个角色协同进行工作。ArcGIS Server搭建的互联网地理信息系统解决方案支持多种类型的客户端，包括ArcGIS Desktop、ArcGIS Engine Application、Web Browser。下面简要介绍利用ArcGIS Server搭建的互联网地理信息系统的各个组成部分。

（1）GIS Server为运行服务器对象容器（server object container，SOC）和服务器对象管理器（server object manager，SOM）的机器。SOM负责管理调度Server Object，而具体Server Object的运行是在ArcSOC.EXE进程中。SOM和SOC可以运行在同一台机器上，也可以由SOM独占一台机器，管理一个或多个运行SOC的机器。采用分布式部署，可以大幅度提高GIS Server的整体性能，使扩展能力更强。

（2）Web Server为运行Web应用程序或Web Server的机器，此处的互联网实现地理信息系统功能，然后把结果返回给客户端应用程序，或者Web Server通过访问GIS Server并调用GIS Server的对象来实现地理信息系统功能，然后把结果返回给客户端。

（3）Web browsers包括IE、Firefox、Chrome等Web浏览器软件。

（4）桌面应用程序可以是ArcGIS Desktop或ArcGIS Engine。通过HTTP访问在Web Server上发布的ArcGIS网络服务，或者通过局域网（LAN）或广域网（WAN）连接到GIS Server，一般通过ArcCatalog或Manager页面应用程序来管理ArcGIS Server。

ArcGIS Server具有的功能特色主要包括：在浏览器中分图层显示多个图层，在浏览器中浏览、漫游地图，在地图上点击要素查询信息，在地图上查找要素，显示文本标注，绘制航片和卫星影像，使用缓冲区选择要素，使用结构化查询语言（structured query language，SQL）语句查询要素，使用多种渲染方式渲染，通过互联网编辑空间要素的坐标位置信息和属性信息，动态加载图层，显示实时的空间数据，网络分析。

ArcGIS Server适合创建从简单的地图应用到复杂的企业级地理信息系统应用等系统工程。基于ArcGIS Server的多个扩展模块也可以定制实现一些额外的高级功能，例如可以进行复杂地理空间分析，模型构建器工作流的创建，或者交通、水文等专业领域任务，从而实现高级地理空间信息服务。

5.2.3　ArcGIS Server安装与部署

ArcCIS Server安装与部署步骤如下。

（1）打开安装包文件夹（图5.1），选择并双击安装程序包中的ESRI.exe，进入安装界面（图5.2）。

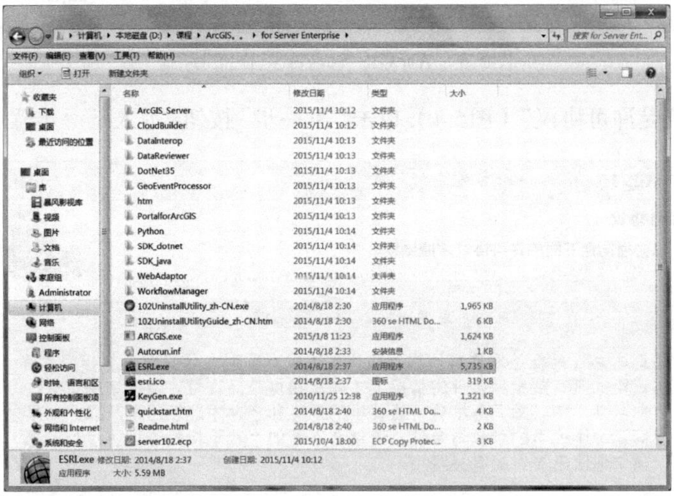

图5.1　ArcGIS Server安装包文件夹

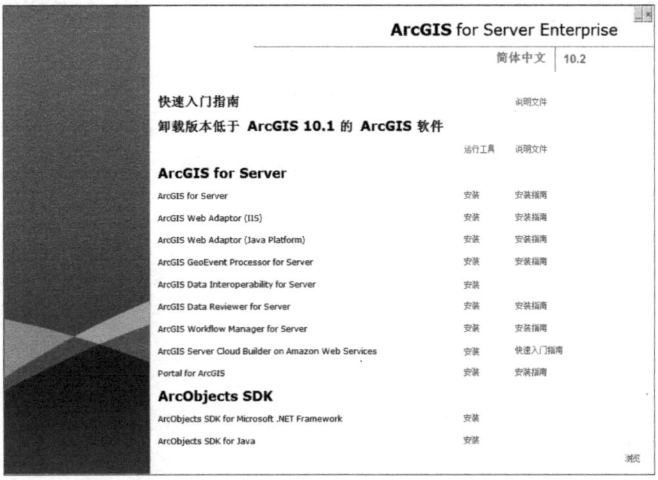

图5.2　ArcGIS Server安装界面

（2）选择并单击“ArcGIS for Sever”，单击“下一步”按钮，进入正式安装步骤（图5.3）。

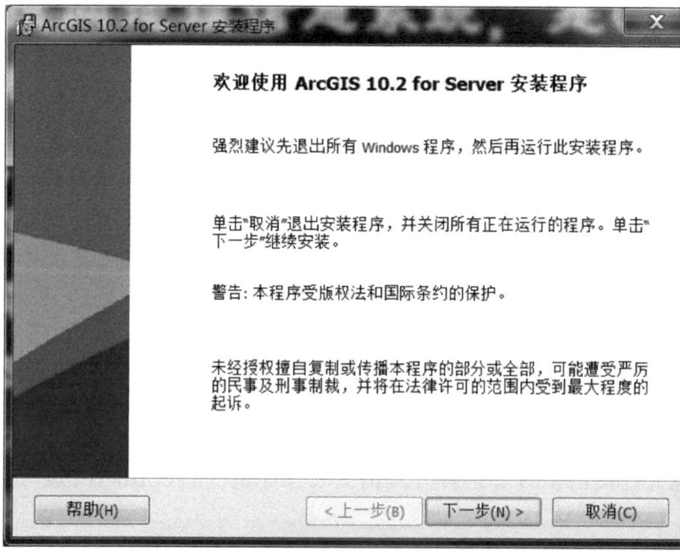

图5.3 ArcGIS Server安装向导一

（3）勾选“我接受许可协议”（图5.4），单击“下一步”按钮，进入下一步骤。

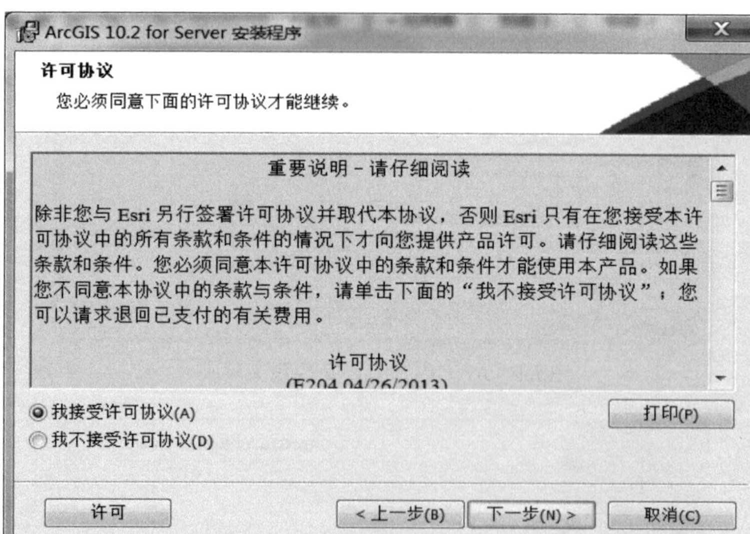

图5.4 ArcGIS Server安装向导二

（4）更改并确定Python文件夹安装路径（图5.5），再单击“下一步”按钮，进入下一步骤。

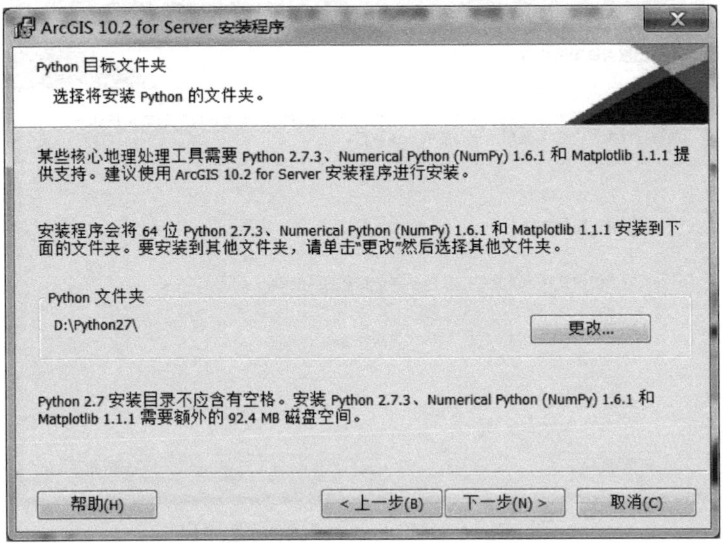

图5.5　ArcGIS Server安装向导三

（5）自定义设置登录账户名和密码（图5.6），选择是否导出服务器配置文件（图5.7），进入ArcGIS Server主程序安装向导（图5.8），单击“安装”，进行全程序的安装。

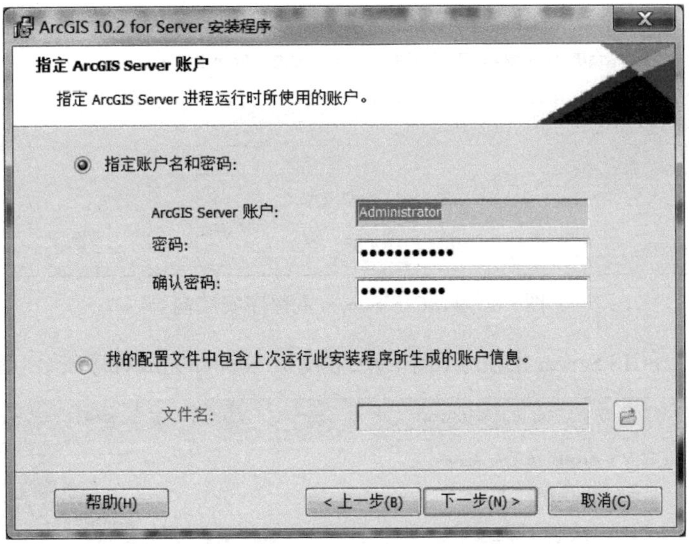

图5.6　ArcGIS Server账户设置

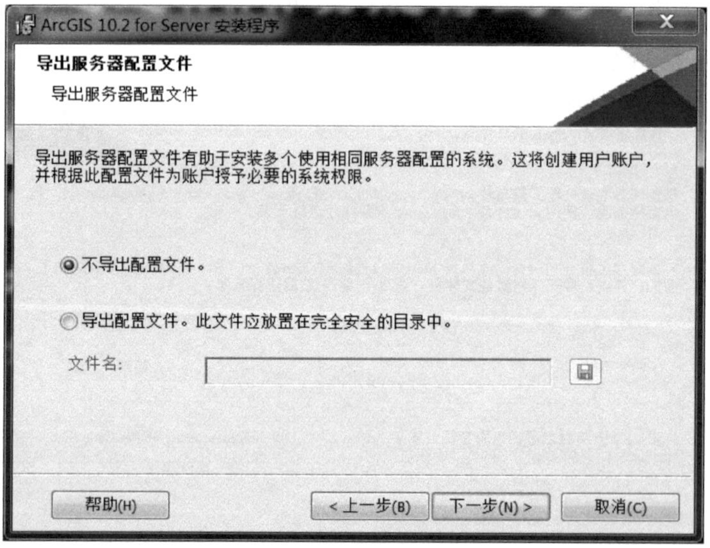

图5.7 ArcGIS Server安装配置导出

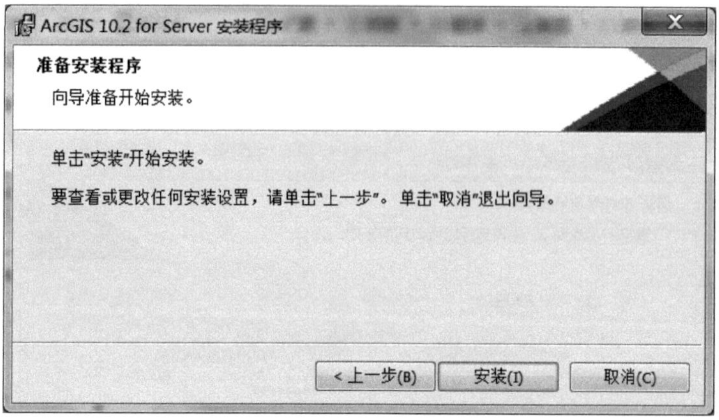

图5.8 ArcGIS Server主程序安装向导

（6）开始安装ArcGIS Server主程序（图5.9），稍等几分钟即完成程序安装（图5.10）。

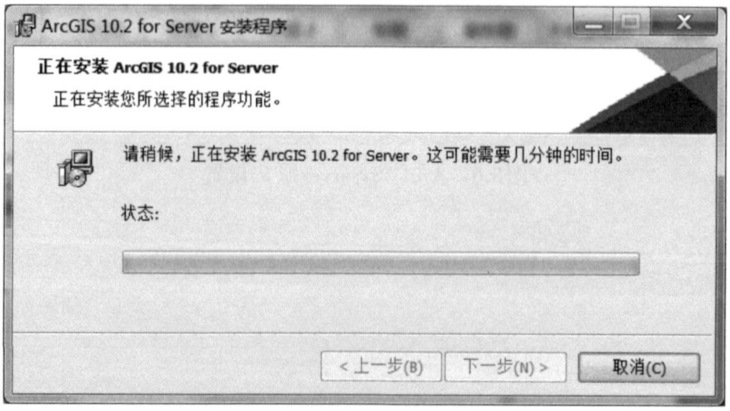

图5.9 开始安装ArcGIS Server主程序

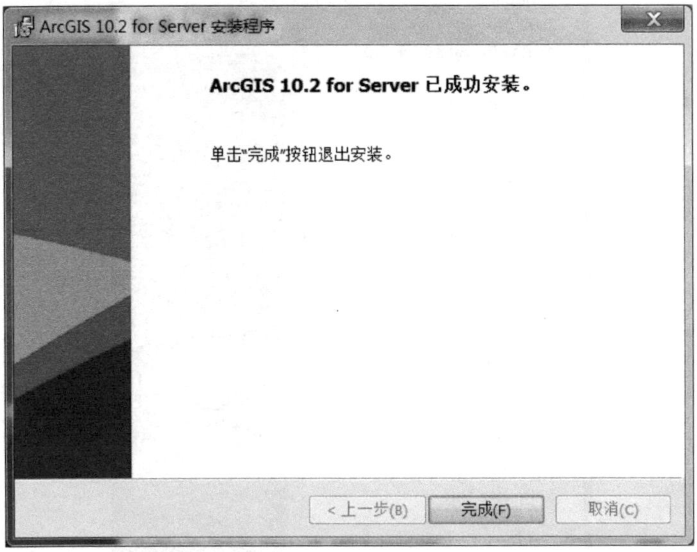

图5.10　完成ArcGIS Server安装提示

（7）单击“完成”后，会跳转到授权许可设置界面（图5.11）。

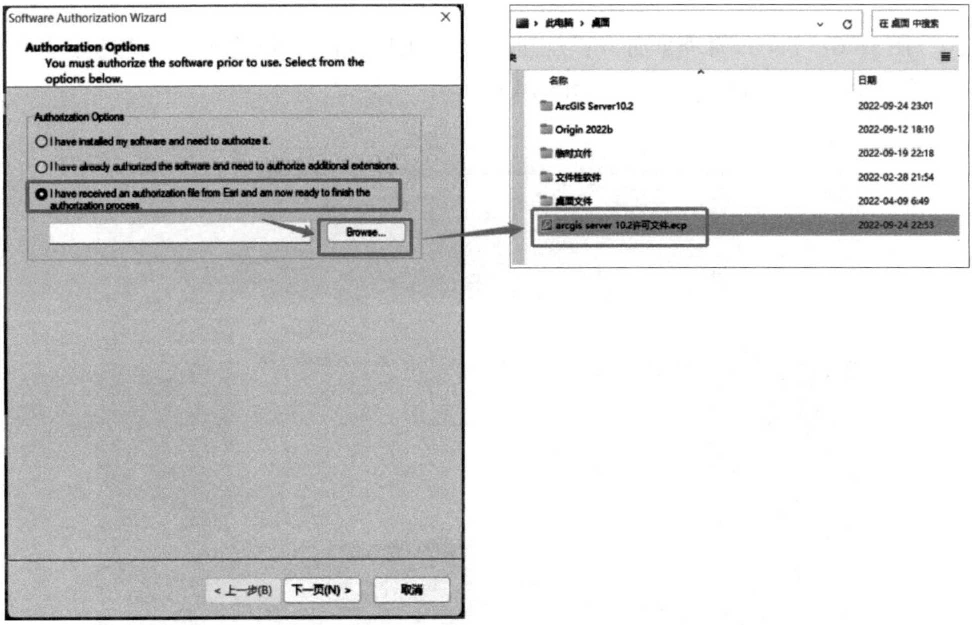

图5.11　ArcGIS Server授权许可设置界面

（8）勾选图5.11中第三项，在浏览窗口中找到已经授权保存的.ecp文件，完成安装。

（9）设置站点。从应用程序列表中找到ArcGIS Sever的“Manager”程序（图5.12），单击即打开ArcGIS Server管理页面。

图5.12　ArcGIS Server程序列表

（10）在ArcGIS Server管理页面，填写之前设置的用户名和密码（图5.13），成功登录后会提示设置根服务器目录和配置存储的位置（图5.14）。

图5.13　ArcGIS Server主站点登录

图5.14　ArcGIS Server根服务器目录和配置存储位置设置

（11）页面显示本机ArcGIS Server配置摘要信息（图5.15），单击“完成”后返回页面，正式以设置的用户名和密码登录（图5.16）。成功登录后即进入ArcGIS Server管理主页（图5.17），包括服务、站点、安全性和日志等授权功能。

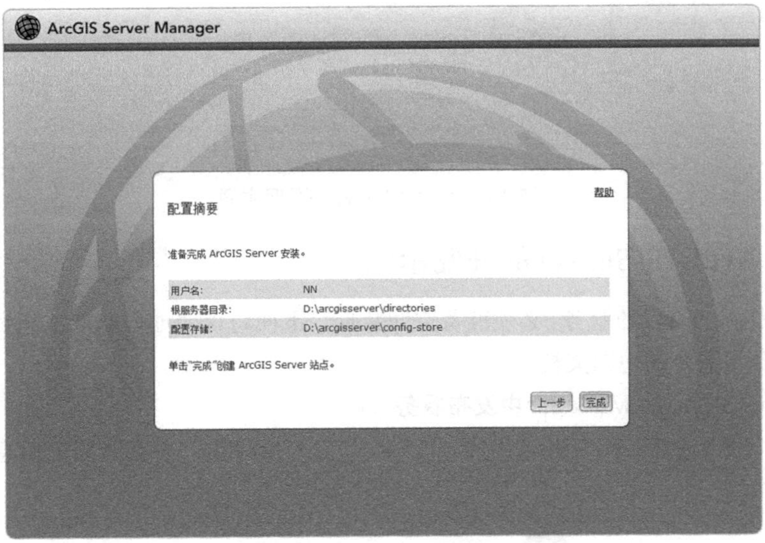

图5.15　ArcGIS Server配置摘要信息

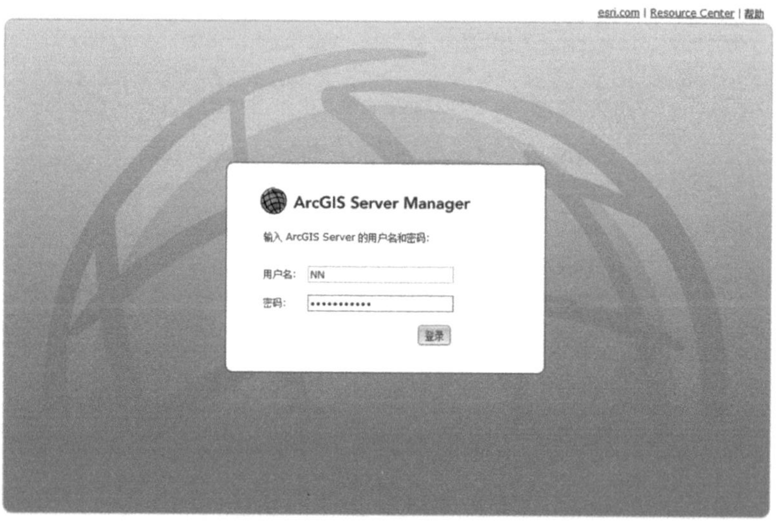

图5.16　ArcGIS Server账号登录

图5.17　ArcGIS Server管理主页

5.2.4　ArcGIS Server的开发示例

要制作ArcGIS Server的服务，必须准备空间数据。下面将说明如何获取空间数据，以及如何制作和发布服务所需要的地图文档。

1. 在ArcGIS Server Manager中发布服务

启动ArcGIS Server Manager登录界面（图5.18），输入授权用户名和密码等信息，成功登录后即进入授权主页。

图5.18　ArcGIS Server Manager登录界面

在ArcGIS Server Manager页面中，选择进入“服务”栏，即可浏览已发布的服务。选择“发布服务”，可共享发布新的数据资源（图5.19）。

图5.19　ArcGIS Server Manager主界面

在发布服务前，需把地图文档制作成服务定义的.sd文件。打开ArcMap，将需要制作的地图数据加载到文档中，然后选择文件菜单下的“Share As”（另存为）工具，再选择服务方式（图5.20），即“File”（文件）→“Share As”→“Service”（服务）。

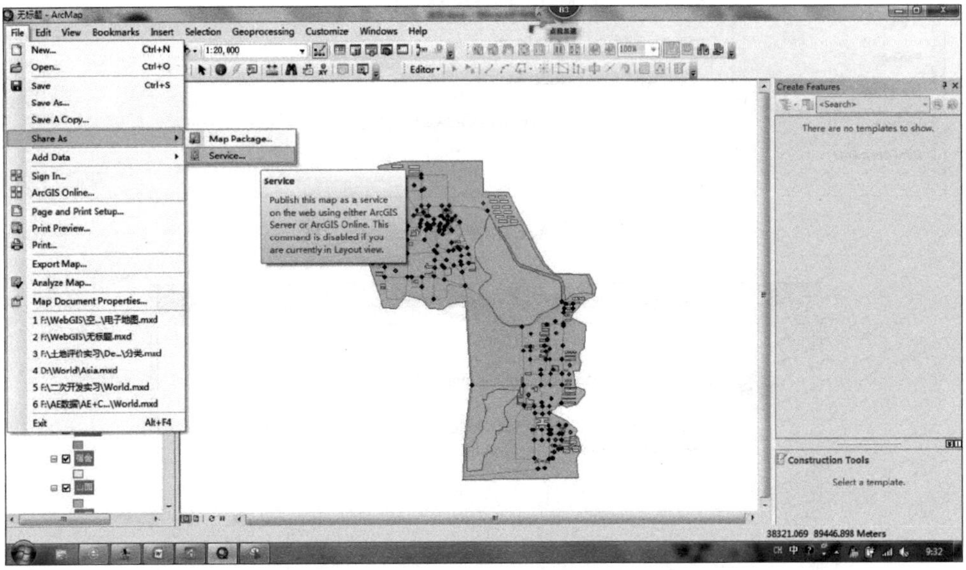

图5.20　在ArcMap中设置服务定义文件

单击“下一步”，浏览文件夹，选择并确定服务定义文件的保存路径（图5.21），方便后续地图数据资源的发布和共享。

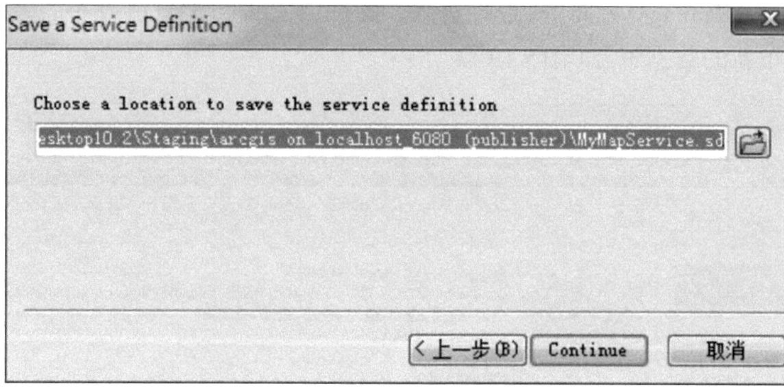

图5.21　在ArcMap中保存服务定义文件

单击按钮"Continue"(继续),进入服务信息编辑界面(图5.22),可修改服务名称、链接、服务器类型、服务类型等信息,然后依次单击"Analyze"(分析)、"Preview"(预览验证)和"Stage"(阶段)选项,若数据资源无问题即成功完成服务定义,结果如图5.23所示。

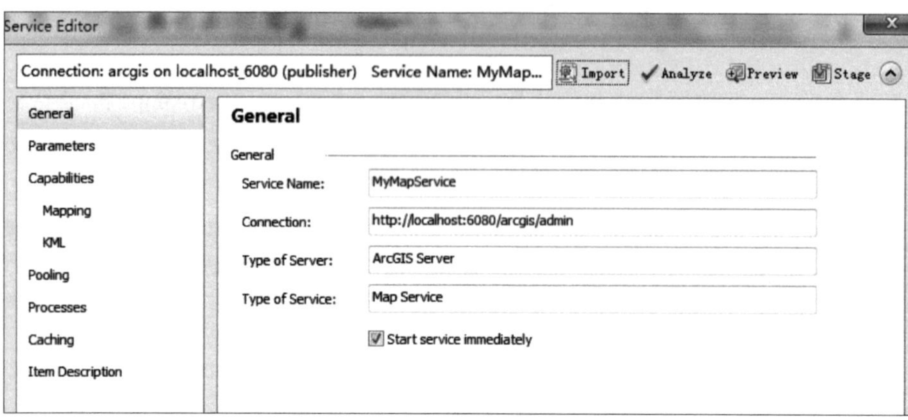

图5.22　在ArcMap中编辑服务信息

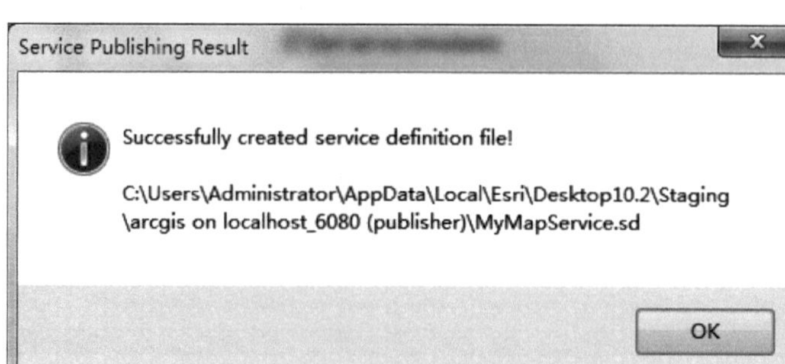

图5.23　在ArcMap中创建服务定义文件

重新进入ArcGIS Server Manager页面,单击"发布服务",进入发布服务向导界面,提示选择需要发布的服务定义文件(图5.24),浏览文件夹找到前面已保存的.sd文件。

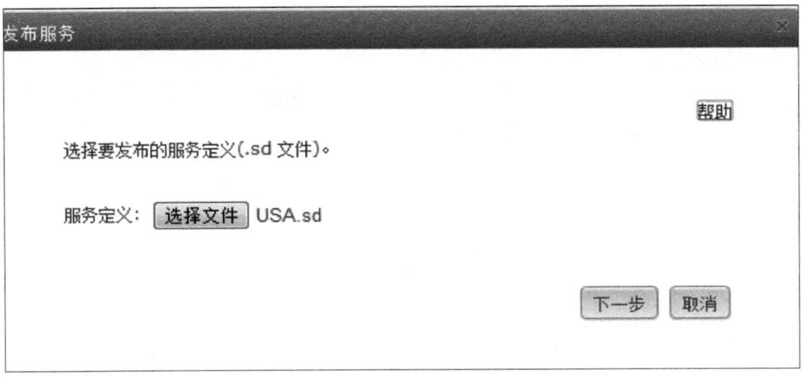

图5.24　选择服务定义文件

单击“下一步”按钮，进入ArcGIS Server Manager页面中发布服务的信息编辑界面（图5.25），可修改和自定义服务名称、类型、保存文件夹和集群等项。填写设置好服务信息后，单击“下一步”按钮，进入发布服务类型选择界面（图5.26），可勾选该地理资源及其服务定义文件所能支持发布的服务类型，以支撑后续特定应用。在ArcGIS Server中，不同的数据源支持发布为不同类型的服务，也对应特定的不同数据的显示和分析应用。

图5.25　发布服务的信息编辑界面

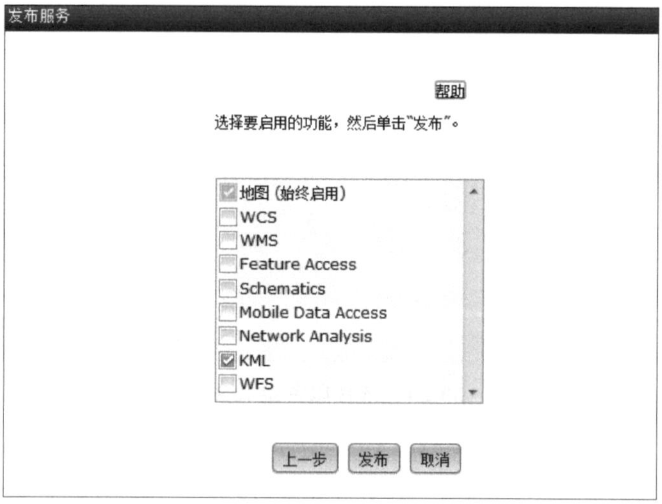

图5.26　发布服务类型选择界面

确定并设置信息后，单击“发布”按钮，即完成地图数据发布，成功后可在ArcGIS Server Manager页面中浏览和打开发布的服务（以某地图服务浏览为例，如图5.27所示），并且可以通过网络进行访问和调用。

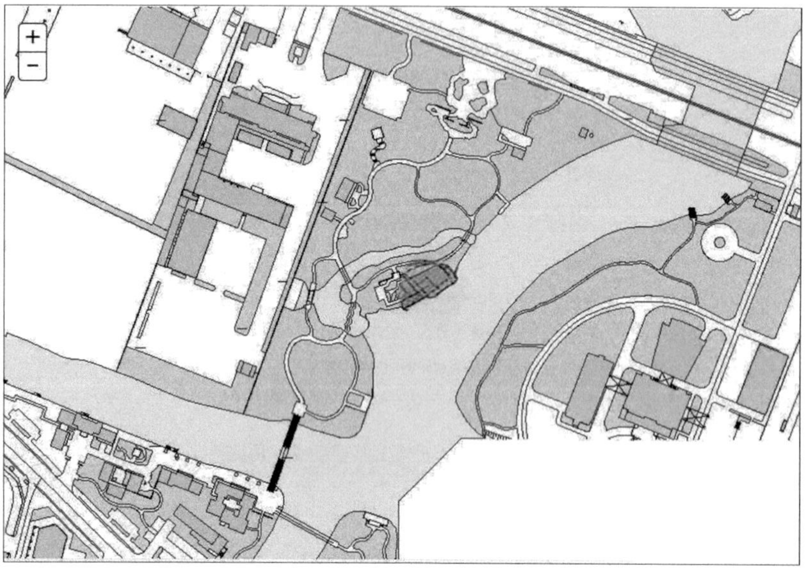

图5.27　在ArcGIS Server Manager页面中浏览已发布的服务

2. 在Catalog里发布地图

除了在ArcGIS Server Manager页面发布服务外，通过ArcGIS Desktop软件也可快速发布和共享服务。具体的，可在ArcMap软件中加载数据资源，如图5.28中的.shp文件，并对其进行数据编辑和地图符号化处理。

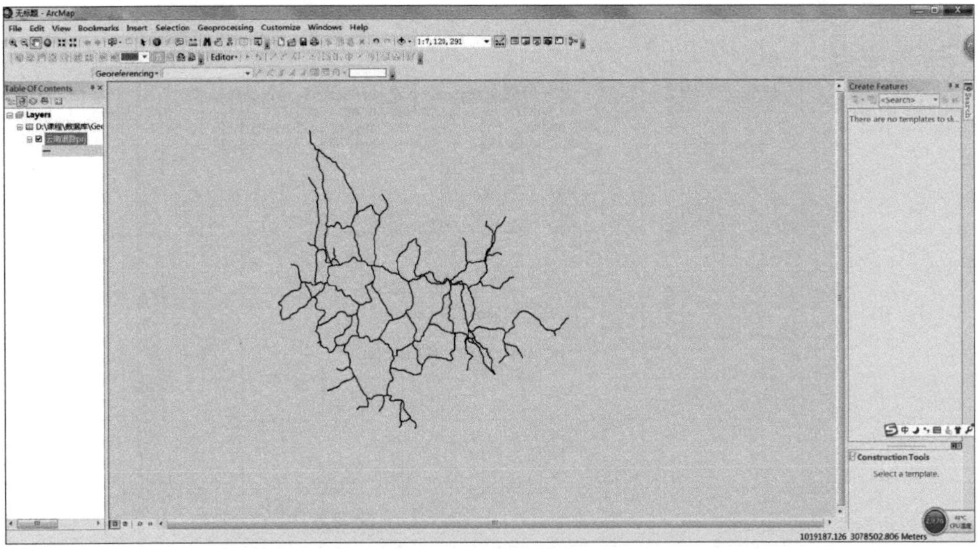

图5.28　在ArcMap中加载.shp文件

在原始数据处理和可视化设置后，可选择系统文件夹路径，保存为.mxd文件（图5.29），以方便后续服务发布。

图5.29　在ArcMap中保存.mxd文件

打开ArcGIS Desktop软件的ArcCatalog模块，可在目录树中查找并浏览刚保存的.mxd文件。在ArcCatalog目录树中展开"GIS Servers"（地理信息系统服务器）节点，单击下面的"Add ArcGIS Server"（添加ArcGIS服务器）菜单，弹出添加ArcGIS Server节点对话框（图5.30）。根据许可权限和用户角色可选择使用、发布地理信息系统服务或管理地理信息系统服务器，这些选择分别对应不同权限的服务组织操作。

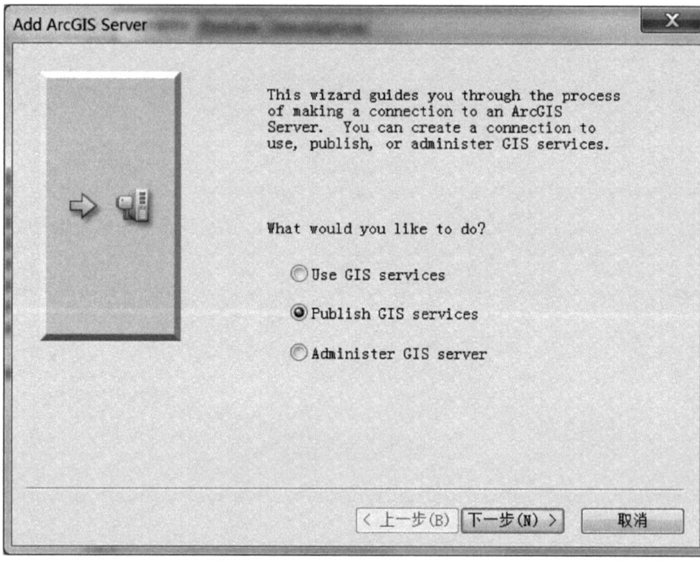

图5.30　在ArcCatalog中添加ArcGIS Server节点

若为具有发布权限的用户，则可选中“Publish GIS services”（发布地理信息系统服务），单击“下一步”进入地理信息系统服务器连接设置界面（图5.31），常用的参数信息包括服务器URL、服务器类型、授权用户认证名称和密码等。

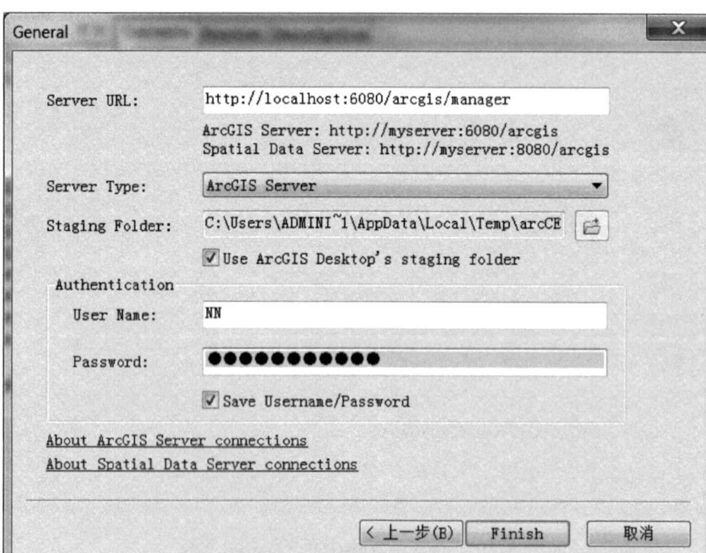

图5.31　在ArcCatalog目录树中设置ArcGIS Server连接

在地理信息系统服务器连接设置界面输入ArcGIS Sever的URL网址、账户名和密码，单击“Finish”（完成）即可正常登录该ArcGIS Server站点。随后，在ArcCatalog目录树中右键选中.mxd文档数据，选择“Share as Service”（共享为服务），进入发布服务选择界面，即共享服务向导（图5.32）。在该界面可选择“发布一个新服务”或“保存服务定义文件”或“重写一个已存在的服务”等选项。

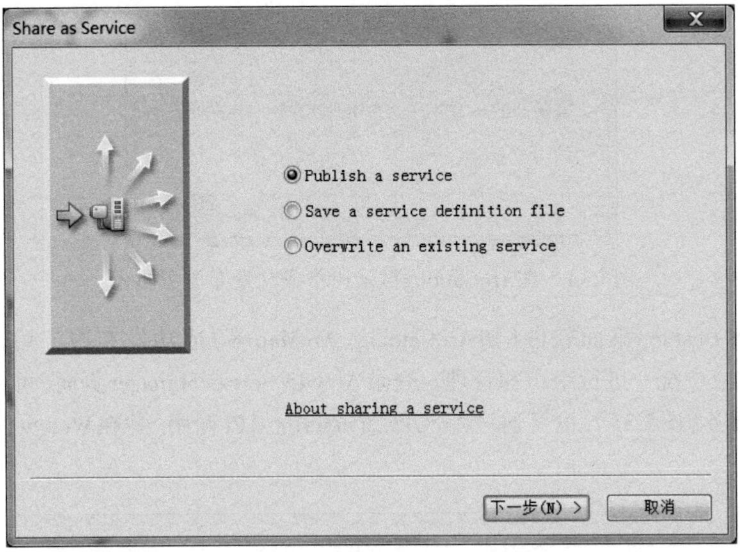

图5.32　ArcCatalog发布地图服务的共享服务向导

选择图5.32中的“Publish a service”(发布一个新服务),单击“下一步”按钮,即进入服务信息编辑界面(图5.33),类似ArcGIS Server Manager的页面发布过程,主要信息包括服务名称、连接、服务器类型和服务类型等。单击“发布”选项,稍等即可发布服务,并提示成功消息(图5.34)。

图5.33　在ArcCatalog目录树中打开服务信息编辑界面

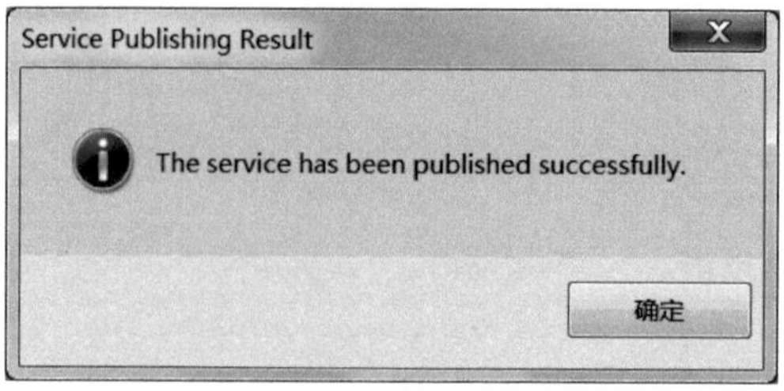

图5.34　在ArcCatalog目录树中成功发布服务提示

通过ArcGIS Desktop桌面软件（如ArcCatalog、ArcMap等）成功发布服务后，该服务即可在ArcGIS Server站点中统一进行组织和管理。登录ArcGIS Server Manager页面，可在服务列表中浏览刚才发布的服务（图5.35），也可通过ArcGIS JavaScript API调用，并在Web页面中显示服务数据（图5.36）。

图5.35　ArcGIS Server Manager页面中的服务目录列表

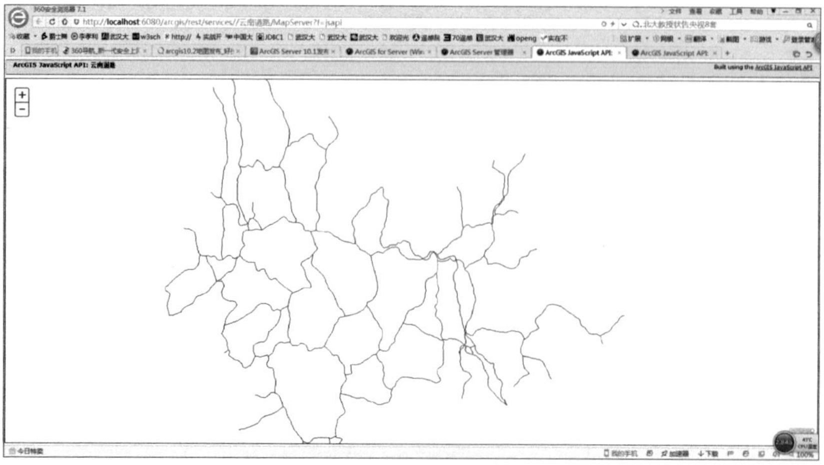

图5.36　Web页面中浏览服务数据

5.3　基于天地图API的开发

“天地图”即国家地理信息公共服务平台，是县级以上自然资源主管部门向社会提供各类在线地理信息公共服务，推动地理信息数据开放共享的政府网站，由国家级、省级（兵团）、市县级节点组成。图5.37所示为某城市节点的天地图查询界面。建设天地图的目的在于促进地理信息资源的高度共享和高效利用，提高中国测绘地理信息公共服务能力和水平，改进测绘地理信息成果的服务方式，更好地满足国家信息化建设的需要，为社会公众的工作和生活提供方便。

图5.37　某城市天地图查询界面

5.3.1　天地图中相关测绘地理信息技术

天地图的数据资源主要由测绘工程专业人员通过实地获取采集与处理获得，且采集与处理过程中包含大地测量学、普通测量学、摄影测量学、工程测量学和地图制图学等分支学科的相关技术。

大地测量学是测绘的基础学科，主要工作是为大规模测制地形图提供地面的水平位置控制网和高程控制网，它的基本任务是建立地面控制网、重力网，精确确定控制点的三维位置，为地形图提供控制基础。

普通测量学是研究地球表面局部区域内控制测量和地形图测绘的理论和方法。控制测量可为测绘各种大比例尺地形图建立一定精度的平面控制网和高程控制网。平面控制网的建立可以用三角测量、导线测量、三边测量和边角测量的方法，还可在现有网里用测角交会和测边交会来加密控制点，而高程控制网的建立可采用水准测量和三角高程测量的方法。地形图测绘技术则是将地球表面的地物和地貌按照一定比例尺测绘成图的工作。具体内容是在控制测量的基础上进行碎部测量，然后绘制成图。

摄影测量学主要利用摄影手段获取被测物体的图像信息，从几何和物理两方面进行分析处理，为所摄对象的本质提供各种相关资料。

工程测量学主要研究地球空间（地面、地下、水下、空中）中具体几何实体的测量描绘和抽象几何实体的测设实现的理论方法和技术应用，天地图三维模拟城市的建立过程离不开工程测量学技术。

地图制图学是测绘学的另一个分支，主要研究地图及其编制和应用，用地图图形来反映自然界和人类社会的空间分布、相互联系及其动态变化，天地图的绘制离不开地图制图学的应用。

5.3.2 天地图的数据来源

天地图服务社会的基本要求是要有丰富、可靠的数据，天地图的数据类型包括电子地图、遥感影像、地名地址和地形渲染图四大部分和一些综合信息。数据的更新速度也在不断加快，以满足使用者的需求。详细的电子地图、遥感影像、地名地址和地形渲染数据详情如表5.1~表5.4所示。

表5.1 电子地图数据详情

数据类型	比例尺	覆盖范围
矢量数据	1 ∶ 100 万	全球
矢量数据	1 ∶ 25 万~1 ∶ 100 万	全国
导航电子地图数据	—	全国

表5.2 遥感影像数据详情

数据类型	分辨率	覆盖范围
影像数据	250 m	全球
影像数据	15~30 m	全国
影像数据	2.5 m	全国
影像数据	0.5 m	国外局部

表5.3 地名地址数据详情

数据类型	数据内容
全球地名数据	国家、省级行政区划
全国地名数据	省份、地市、县、乡镇、行政村、自然村等
全国关注点（POI）数据	饭店、学校、宾馆、银行、医院、加油站、车站等

表5.4 地形渲染图数据详情

覆盖范围	显示级别
全球	1~10 级
全国	1~14 级

5.3.3 天地图的系统结构与运营体系

天地图的主体结构是以国家级节点（主节点）、省级节点、市县级节点为骨架，在以上三级节点的基础上针对国家和城市的详细信息进行细化填充，旨在建设一个系统化、详细化、特色化的公共数字化网络平台。三级节点的具体分工如下。

（1）国家级节点（主节点）是天地图的一级骨架，负责平台的总体调控、国防安全控制、整体资源的划分与管理和服务等几方面。

（2）省级节点是以主节点为基础的第二级主节点，它的主要任务是协调并服务于省与省之间、区域之间、部门之间的交流与合作。

（3）市县级节点是天地图建设的关键部分，它负责区域内的数据采集、更新、维护和应用工作，提供现势性的高精度数据。

5.3.4 天地图的服务模式

天地图的服务模式包括门户网站、API服务接口、手机地图三种。

（1）门户网站是基于互联网的一种服务模式，用户可通过任意浏览器连接互联网、国家电子政务外网或打开天地图网页进行浏览和查阅，门户网站浏览天地图的加载速度取决于计算机性能、网络速度、服务器数量。

（2）API服务接口是以JavaScript语言为基础编写的程序接口，主要服务于基于天地图进行有特色性、针对性的二次开发，对开发环境没有特别要求，用户可以在接入API服务接口的同时利用开发工具进行开发。

（3）手机地图是一种非常常见而且应用广泛的服务模式，它以手机为媒介，通过移动数据或无线局域网访问天地图网页或手机软件。天地图的这种服务模式和百度地图、谷歌地图类似，主要服务于大众的日常生活，为人们的出行、旅游等方面提供帮助。

5.3.5 天地图的服务功能

天地图的服务功能十分强大，它的系统是基于云计算技术而自主研发的，能够提供最基本的生活服务。

天地图的地图显示功能可以显示影像、地图、图层、地形等内容，可以根据用户的使用目的和要求选择不同的形式，如用户需要进行某一区域的地物类别分析，可以调用遥感影像图进行遥感解译等过程。地图显示功能的显示内容和说明如表5.5所示。

表5.5　天地图的地图显示功能和说明

显示内容	说明
影像	各种分辨率的遥感影像
地图	交通、居民地、农田、沙漠等
图层	不同语言地名、道路、房屋、水系等不同图层的叠加或单一选取
地形	地形晕渲

地图工具功能允许用户利用地图进行点间距离测量、区域面积提取、关注对象标注等基本地图操作，方便用户的浏览、查阅、搜索和初步的数据获取等操作，详细内容如表5.6所示。

表5.6　天地图的地图工具功能

内容	说明
测距	图上任意两点或多点之间的距离量测
测面	图上任意截取多边形面积的量测
点的标绘	对关注点进行标注和描绘
线的标绘	对关注的线状地物进行标注与描绘
面的标绘	对关注的面状区域进行标注与描绘
导航	地图浏览工具，包括地图的放大、缩小、平移等操作
右键功能	设置起点与终点，还可以将地图放大、缩小、居中等
清空	删除所有浏览痕迹、标注、测量信息等
打印	将兴趣地图打印

地图浏览功能是对地图工具的细化，重点针对地图的浏览和查阅功能进行细致的服务，除了基本的放大、缩小、平移等基本工具外，还可提供地图、影像、维度、地形之间自由切换的特色服务，详细内容如表5.7所示。

表5.7 天地图的地图浏览功能

浏览内容	说明
区域列表切换	将视图中心移动到指定位置，并进行缩放；兼顾搜索区域的选择
当前中心点区域显示	显示当前视图中心点的行政区
地图切换	显示方式的切换，包括地图、影像、维度、地形的转换
放大、缩小、漫游	对地图的放大、缩小、平移操作
搜索行政区域切换	输入国家、省、市等目标区域进行视图的转换
全屏	全屏显示

根据使用者对目标点了解的不同，天地图的搜索功能针对几种常见的搜索问题给予了对应的查询方法，如在未掌握完整关键词的情况下，使用者可以运用模糊搜索功能，获得相关结果以供选择，从而快速实现目的。天地图的搜索功能说明如表5.8所示。

表5.8 天地图的搜索功能

内容	说明
一般搜索	在搜索框输入关键字，在指定行政区域查找
视野内搜索	在当前视图范围内搜索，在搜索结果内选择某一名称，即可视图切换
周边搜索	对某点进行周边搜索
分类查找	按照分类列表中的分类词查找某一类地名
输入查询词建议	可减少用户输入，如果提供的建议中有用户目标词，则直达目的
模糊搜索	根据不完整关键词，系统提供相关结果
搜索意图提示词	根据关键字，系统提供提示词

目前人们出行有自驾出行和公共出行两种方式，天地图的路线查询功能据此提供了驾驶路线规划和公交路线查询功能，参照使用者出行考虑的因素，如时间、换乘、路程、步行距离等，为使用者提供最优出行计划，具体路线查询功能如表5.9所示。

表5.9 天地图的路线查询功能

功能	内容	说明
驾驶路线规划	计算条件	最快路线，最短路线，不走高速，红绿灯个数
	途经点	用户可根据自身要求设置途经点
	路线检索结果	路线预览，里程多少，预估时间，路线描述
公交路线查询	计算条件	快捷，少乘地铁，换乘较少，步行较少
	路线检索结果	路线预览，换乘次数和换乘方案，总里程，步行步数，路线描述

5.3.6 天地图建设的作用

由于中国的国际地位和国际影响力在不断地提高，中国的一举一动都是全世界关注的焦点，尤其是天地图建设这样具有战略性、科技性的举措。天地图国家地理信息公共服务平台建成以来，吸引了来自社会各界的访问者，天地图代表的不仅是天地图建设团队的技术水平，还代表着中国不断增强的实力。

天地图的成功建设对于提高民族自尊心、自信心都有很大作用。天地图在为公众提供地理信息服务的同时，也改变了公众长期依赖国外地理信息网站的情况。天地图代表了中国品牌，是中国人民创造力的结晶，以这种独特的方式，宣示了中国领土不容侵犯、中国人民自尊心不容践踏，从而使民众的自信心不断增强。

测绘工作者一直都是走在工程建设的前方，是一个常被人忽视的职业，天地图整合了来自全国的测绘资源，聚合了国家、省、市的基础测绘信息及企业部门的专题信息，带动了全国地理信息服务与应用，让测绘工作者的成果被大众熟悉与认可。

天地图的建设和不断完善推进了中国数字城市进程。数字城市是一项国家发展策略，而天地图就是在这一发展策略下进行的首次尝试。在天地图的建设中，有值得借鉴的经验，也有需要注意的教训，不管是经验还是教训，都将反馈到数字城市建设中，从而实现对天地图的改进与完善。这是一个良性的循环，最后的结果都是数字城市建设的不断进步，并更好地服务于国家建设和大众日常生活。

天地图的建设也极大地方便了人们的生活，在这方面天地图的作用与其他地图信息网站或软件类似，用户可通过天地图查阅城市信息、街道信息、餐饮、宾馆、车站、出行路线等日常服务信息。目前天地图仍有很多地方需要改进，但随着技术的成熟和不断改进，天地图将在日后为大众提供更好的服务。

5.3.7　天地图建设的成功范例

天地图的特色是可开发性，政府职能部门、企业单位或者个人可根据自己的关注或需求在经过授权的前提下对天地图数据进行二次开发。目前，成功的开发范例包括综合类、生活服务类、应急类、政法类、城市管理类、安全生产类、旅游类、国土资源类、交通运输类、水利类、测绘类、教育类、文化类、民政类、统计类、工商类、农林牧渔类、环境保护类、城乡建设类、卫生计生类、其他类等应用，下面介绍几个典型范例。

1. 徐州市智慧国土辅助分析系统

徐州市智慧国土辅助分析系统依托江西省地理信息公共服务平台天地图的专业数据资源，主要是面向城市管理规划与土地利用方面而开发的，该系统为用户提供了地政项目、地政基础、矿产资源、地质调查、测绘管理、自然资源调查、遥感影像、城市总体规划和索引图等模块，通过这些模块用户可以查看市内的土地利用现状、总体规划、耕地质量、生态红线、矿产资源、地质、不动产登记单元、历年遥感影像，以及城市总体规划等各方面的信息。用户可以将自己感兴趣的信息叠加在电子地图上，为此应用提供了双屏显示和四屏显示功能，便于用户查看和对比分析。此外，该应用还提供了业务分析、模型分析、智能监测等功能，用户可以通过这些功能实现综合分析、实时监测的目的。综上，徐州市智慧国土辅助分析系统可为用户进行土地规划、整治、开发利用等提供有关基础资料和科学依据。

2. 河北省机构编制地理信息系统

河北省机构编制地理信息系统中汇入的信息包括各级政府机关企事业单位的位置、单位名称、政府职能、联系方式、网址等信息。该系统是以“天地图·河北”省级节点地理空间框架为基础开发的机构编制管理专题应用，实现了河北省机构信息网络化与数字化，为百姓办事、上访等提供了方便，使政府与民众交流快捷顺畅。

3. 天地图智能公交系统

天地图智能公交系统主要分为公交线路查询和实时公交查询两个服务模块。公交线路查询会提供直达查询、站内换乘和步行换乘三种查询模式。而实时公交查询则会提供该次公交车所在的位置、路线、进出站时间等信息，每隔3秒自动刷新，可达到实时更新的效果。

5.4 基于OpenLayers API的开发

互联网地理信息系统平台OpenLayers的API开发是一种轻量级、方便快捷的互联网地理信息系统实现方式，其主要的API类库可设计并实现常见的地图加载、浏览、查询、分析等功能，是实际工程中较常选择的开发方法。具体实现代码如下：

```
<html>
<head>
<meta http-equiv="Content-Type"content="text/html; charset=utf-8"/>
<title>公共平台二次开发示例</title>
<script type="text/javascript" src=" http://192.168.0.1/MapApi/openlayers.js"></script>
    <script type="text/javascript">
    unction init(){
    var map=new OpenLayers.Map('map');
    var layer=new OpenLayers.Layer.WMS("WMS Example",
        "http://192.168.0.1:8090/geoserver/wms",{layers:'taizhoulayer'} );
    map.addLayer(layer);
    var point=new OpenLayers.LonLat(120.0, 32.5);
    map.setCenter(point, 9);
    }
</script>
</head>
<body onload="init()">
<div id="map"></div>
</body>
</html>
```

将以上代码复制到一个新建的demo.html文件中，用鼠标双击此文件打开网页，就可以看到地图示例。此时，用户可以利用鼠标实现地图缩放及漫游的功能：按住鼠标左键拖动地图可以实现地图的漫游；滚动鼠标滚轮，可以实现地图的缩放；按下shift键的同时在地图上按住鼠标左键拉框，可以实现地图的放大。

5.4.1 引用类库

要使用公共平台二次开发接口，需要首先在HTML中添加SmartMap二次开发类库的引用。上述例子中的地址“http://192.168.0.1/MapApi/openlayers.js”是在地图页面使用公共平台二次开发类库所需的JavaScript文件。任何使用公共平台二次开发类库搭建的地图页面必须在HTML的

head标签下加入以下引用script文件标记的代码：

```
<script type="text/javascript" src="http://192.168.0.1/MapApi/openlayers.js"></script>
```

5.4.2 初始化地图

要使用公共平台共享的数据服务，首先需要登录注册中心，查看所在用户组的数据访问权限，记录可访问数据服务的URL。

如果要在页面加载时就显示地图，需要在body标签的onload函数中初始化地图。地图初始化的代码可以在init()函数中实现，并在body标签的onload事件中调用即可。init()的代码具体解释如下：

```
function init(){
    var map=new OpenLayers.Map('map');                    //创建地图实例
    var layer=new OpenLayers.Layer.WMS(                   //创建图层
        "WMS Example",
        "http://192.168.0.1:8090/smartserver/wms", {layers:'taizhoulayer'} );
    map.addLayer(layer);                                  //添加图层
    var point=new OpenLayers.LonLat(120.0, 32.5);         //创建点坐标
    map.setCenter(point, 9);                              //初始化地图,设置中心点坐标和地图级别
}
```

5.4.3 添加图层

公共平台目前支持WMS、WFS、Vector、Marker及缓存地图WMS-C、TileCache、TMS等图层的创建和管理。5.4.2小节中地图对象管理的图层为公共平台发布的WMS服务：客户端向服务器端发送WMS的GetMap请求，并在客户端动态生成地图切片。如果公共平台发布的地图服务已经借助其他工具建立了切片缓存，用户可以使用公共平台的Cache图层接口，以提高地图显示的效率。Cache图层的调用方法如下：

```
//创建地图实例,并设置最大分辨率
var map=new OpenLayers.Map('map', {'maxResolution': 360/512});
//创建地图图层
var layer=new OpenLayers.Layer.TileCache (
    "TileCache Example",
    "http://192.168.0.1/tilecache/cache", 'taizhoulayer', {format : 'image/png'} );
//添加图层
map.addLayer(layer);
```

5.4.4 地图操作

地图在初始化的时候已经包含了与地图相关的一系列操作功能，如地图放大、缩小、漫游等。用户还可以通过地图对象的addControl方法为地图添加更多的功能。下面的代码为地图增加了缩

放条控件、比例尺线控件、当前坐标控件和鹰眼控件：

```
//添加缩放条控件
map.addControl(new OpenLayers.Control.PanZoomBar());
//添加比例尺线控件
map.addControl(new OpenLayers.Control.ScaleLine());
//添加当前坐标控件
map.addControl(new OpenLayers.Control.MousePosition());
//添加鹰眼控件
map.addControl(new OpenLayers.Control.OverviewMap());
```

5.4.5 地图量测

公共平台提供了针对地图量测的二次开发接口，开发人员只需要为网页上地图量测按钮添加以下功能函数，即可实现量测地图上指定折线段的长度或多边形的面积，具体代码如下：

```
//距离量测
function lineMeasureButton(){
    var selectControl = new OpenLayers.Control.Measure(
        OpenLayers.Handler.Path, {
        persist: true,
        handlerOptions: {
        layerOptions: {styleMap: styleMap}}});
    map.addControl(selectControl);
}
//面积量测
function areaMeasureButton(){
    selectControl = new OpenLayers.Control.Measure(
        OpenLayers.Handler.Polygon, {
        persist: true,
        handlerOptions: {
        layerOptions: {styleMap: styleMap}}});
    map.addControl(selectControl);
}
```

5.4.6 地图查询

公共平台提供了基于WFS的GetFeature请求的地图查询二次开发接口。公共平台提供的地图查询功能服务封装为标准的WebService，通过网络服务描述语言（web service description language，WSDL）进行描述，并遵照简单对象访问协议（simple object access protocol，SOAP）规范。开发人员只需要在网站中添加对应网络服务，即可使用平台的查询功能。以缓冲区查询为例，在网站中添加Web引用，在URL部分可以直接输入远程Web Service的URL“http://192.168.0.1/

BufferAnalysisService/Service.asmx"。

可以通过"http://192.168.0.1/BufferAnalysisService/Service.asmx?WSDL"查看服务描述，代码如下：

```
Methods:BufferAnalysis ( typeName As string, x As double , y As double, radius As double )
As string
```

5.4.7 地图标注

为满足用户添加自定义标注的需求，公共平台提供了对标注图层的支持，以及地图标注功能的二次开发接口。开发人员首先在地图对象中创建标注图层，然后即可在图层上添加标注，代码如下：

```
//创建标注图层
var markerLayer = new OpenLayers.Layer.Markers( "标注图层" );
//添加标注图层
map.addLayer(markerLayer);
//创建标注
var marker = new OpenLayers.Marker(new OpenLayers.LonLat(x,y),icon);
//添加标注
markerLayer.addMarker(marker);
```

5.4.8 主要API说明

公共平台地图API统一使用"OpenLayers.*"作为命名空间，如需要使用Map类时，在代码中需要添加命名空间，即OpenLayers.Map。本书开发参考文档中省略命名空间。

1. 核心类——Map类

Map类是关于地理信息数据显示和分析的主要容器类，也是WebGIS重要的工作区，其构造函数、主要属性接口和方法接口如表5.10所示。

表5.10　Map类构造函数、主要属性接口和方法接口

<table>
<tr><td colspan="3">构造函数</td></tr>
<tr><td colspan="2">构造函数</td><td>描述</td></tr>
<tr><td colspan="2">Map(container: String|HTMLElement
[, options: Object])</td><td>在指定的容器内创建地图实例</td></tr>
<tr><td colspan="3">属性接口</td></tr>
<tr><td>属性</td><td>类型</td><td>描述</td></tr>
<tr><td>div</td><td>String|HTMLElement</td><td>存放地图实例的元素</td></tr>
<tr><td>layers</td><td>Array(layer)</td><td>地图中的图层列表</td></tr>
<tr><td>units</td><td>String</td><td>地图单位</td></tr>
<tr><td>resolutions</td><td>Array(Float)</td><td>地图分辨率</td></tr>
<tr><td>maxResolution</td><td>Float</td><td>地图最大分辨率</td></tr>
<tr><td>minResolution</td><td>Float</td><td>地图最小分辨率</td></tr>
</table>

续表

属性	类型	描述
maxScale	Float	地图最大比例尺
minScale	Float	地图最小比例尺
maxExtent	Bounds	地图最大范围
minExtent	Bounds	地图最小范围
restrictedExtent	Bounds	地图约束范围
方法接口		
方法	返回值	描述
render(container:String|HTMLElement)	None	渲染地图到指定容器
destroy()	None	销毁地图
addLayers(layers: Array(layer))	None	为地图添加图层
removeLayer(layer: layer)	None	移除图层
getNumLayers()	Int	获取图层数
raiseLayer(layer: layer,i:Int)	None	上移图层
setBaseLayer(layer: layer)	None	指定基础图层
addControl(control: control [, px: Pixel])	None	添加地图控件
removeControl(control: control)	None	移除地图控件
addPopup(popup: popup)	None	添加弹出气泡
removePopup(popup: popup)	None	移除弹出气泡
getCenter()	LonLat	获取地图中心点坐标
setCenter(lonlat: lonlat, zoom: Int)	None	设置地图中心
zoomToExtent(bounds: Bounds)	None	放大地图到指定范围
zoomToMaxExtent()	None	放大地图到最大范围

2. 基础类——Bounds类

Bounds类与地图Map类中显示、分析和处理的地理空间范围的矩形区域相关，其构造函数、主要属性接口和方法接口如表5.11所示。

表5.11 Bounds类构造函数、主要属性接口和方法接口

构造函数		
构造函数		描述
Bounds(left: Number, bottom: Number, right: Number, top: Number)		创建地理空间范围的矩形区域
属性接口		
属性	类型	描述
Left	Number	矩形左下角的x坐标
Bottom	Number	矩形左下角的y坐标
Right	Number	矩形右上角的x坐标
Top	Number	矩形右上角的y坐标
方法接口		
方法	返回值	描述
toBBOX()	String	返回矩形坐标字符串
getWidth()	Float	返回矩形宽度
getHeight()	Float	返回矩形高度

续表

方法	返回值	描述
getCenterLonLat()	LonLat	返回矩形中心点坐标
extend(point:Point)	None	放大此矩形，使其包含给定的点
intersectsBounds(bounds:Bounds)	Boolean	计算与另一矩形是否有交集
containsBounds(bounds:Bounds)	Boolean	计算是否包含目标矩形

3. 基础类——Size类

Size类与地图Map类中的地理空间范围的矩形区域大小相关，其构造函数、主要属性接口和方法接口如表5.12所示。

表5.12　Size类构造函数、主要属性接口和方法接口

构造函数		
构造函数		描述
Size(w: Number, h: Number)		一个矩形区域的大小
属性接口		
属性	类型	描述
W	Number	矩形宽度
H	Number	矩形高度
方法接口		
方法	返回值	描述
equals(size: Size)	Boolean	判断与另一矩形宽和高是否相等
toString()	String	返回类型描述字符串

4. 基础类——LonLat类

LonLat类与地图Map类中的地理坐标点的坐标值相关，其构造函数、主要属性接口和方法接口如表5.13所示。

表5.13　LonLat类构造函数、主要属性接口和方法接口

构造函数		
构造函数		描述
LonLat(lon: Number, lat: Number)		创建一个地理坐标点
属性接口		
属性	类型	描述
lon	Number	地理经度（或地理x坐标）
lat	Number	地理纬度（或地理y坐标）
方法接口		
方法	返回值	描述
equals(lonlat: LonLat)	Boolean	判断与另一地理坐标点是否相等
toShortString()	String	返回类型描述字符串

5. 基础类——Pixel类

Pixel类与地图Map类中的像元点相关，其构造函数、主要属性接口和方法接口如表5.14所示。

表5.14 Pixel类构造函数、主要属性接口和方法接口

构造函数		
构造函数		描述
Pixel(x: Number, y: Number)		创建像元点实例，坐标原点为地图区域左上角
属性接口		
属性	类型	描述
x	Number	x坐标
y	Number	y坐标
方法接口		
方法	返回值	描述
equals(pixel: Pixel)	Boolean	判断与另一像元点是否相等
toString()	String	返回类型描述字符串

6. 控件类——Control.PanZoomBar类

Control.PanZoomBar类与地图Map类操作的视图平移缩放控件相关，其构造函数和主要方法接口如表5.15所示。

表5.15 Control.PanZoomBar类构造函数和主要方法接口

构造函数		
构造函数		描述
PanZoomBar()		创建一个平移缩放控件
方法接口		
方法	返回值	描述
destroy()	None	销毁控件

7. 控件类——Control.Scale类

Control.Scale类与地图Map类中可视化的比例尺控件相关，其构造函数和主要方法接口如表5.16所示。

表5.16 Control.Scale类构造函数和主要方法接口

构造函数		
构造函数		描述
Scale()		创建一个比例尺控件
方法接口		
方法	返回值	描述
destroy()	None	销毁控件

8. 控件类——Control.ScaleLine类

Control.ScaleLine类与地图Map类中可视化的比例尺线控件相关，其构造函数和主要方法接口如表5.17所示。

表5.17 Control.ScaleLine类构造函数和主要方法接口

构造函数	
构造函数	描述
ScaleLine()	创建一个比例尺线控件

续表

方法接口		
方法	返回值	描述
destroy()	None	销毁控件

9. 控件类——Control.MousePosition 类

Control.MousePosition类与地图Map类中的鼠标位置坐标控件相关，其构造函数、主要属性接口和方法接口如表5.18所示。

表5.18　Control.MousePosition类构造函数、主要属性接口和方法接口

构造函数		
构造函数		描述
MousePosition()		创建一个鼠标位置坐标控件
属性接口		
属性	类型	描述
prefix	String	前缀
separator	String	分隔符
suffix	String	后缀
方法接口		
方法	返回值	描述
destroy()	None	销毁控件

10. 控件类——Control.OverviewMap 类

Control.OverviewMap类与地图Map类中的鹰眼缩略图控件相关，其构造函数、主要属性接口和方法接口如表5.19所示。

表5.19　Control.OverviewMap类构造函数、主要属性接口和方法接口

构造函数		
构造函数		描述
OverviewMap()		创建一个鹰眼缩略图控件
属性接口		
属性	类型	描述
div	String|HTMLElement	存放控件的元素
size	Size	控件尺寸
layers	Array(Layer)	包含的图层
autoPan	Boolean	是否自动平移
minRatio	Float	地图比鹰眼图的最小比率
maxRatio	Float	地图比鹰眼图的最大比率
方法接口		
方法	返回值	描述
destroy()	None	销毁控件

第 6 章　开源互联网地理信息系统平台与指南

互联网地理信息系统被越来越多的人所熟悉，在此背后有许许多多的优秀开源地理信息系统项目作为支撑，这些开源地理信息系统项目为地理信息系统行业的发展贡献了巨大力量。然而，没有规矩，不成方圆。众多的开源地理信息系统项目没有统一的标准，因此它们之间不能相互取长补短，反而引发越来越多的问题。

开放式地理空间信息联盟（OGC）是一个非营利的志愿标准化组织，引领地理空间和位置服务标准的发展，提供一种基本的开发互操作方法。国际标准化组织（ISO/TC211）或技术联盟（如OGC）制定了空间数据互操作的接口规范，开源地理信息系统软件商业开发遵循这一接口规范的空间数据读写函数，可以实现异构空间数据库的互操作和互联网应用。较主流的开源互联网地理信息系统平台包括GeoServer、MapServer、OpenLayers等，本书主要以GeoServer为例进行研究。

本章基于面向服务的体系结构（SOA）的技术体系架构，在下一代互联网、物联网、云计算和智能对地观测传感器网络等技术快速发展的背景下，空间数据和空间分析模型存在异质异构和语义不一致等问题，需要提高其互操作和重用性，以实现分布式地理信息处理应用。OGC的互操作网络地图服务（WMS）标准、网络要素服务（WFS）标准、网络覆盖服务（WCS）标准和网络处理服务（WPS）标准，可方便实现分布式互联网络环境下的空间信息服务应用。本章以开源互联网地理信息系统平台——GeoServer为例，详细介绍基于GeoServer的地理空间信息网络注册、发布与使用的关键技术，从而实现地理空间信息网络访问和应用。

6.1　开源互联网地理信息系统平台GeoServer概述

地理信息服务器（GeoServer）是一个基于Geotools开源工具包，由Java编写的具有自主知识产权的地理信息系统平台，GeoServer参照并执行开放式地理空间信息联盟提出的WFS标准、WCS标准和WMS标准，利用GeoServer，可以方便地发布地图数据，允许用户对特征数据进行更新、删除、插入操作。通过GeoServer用户可以比较容易地在彼此之间迅速实现空间地理信息共享。GeoServer能够发布的数据类型主要包括地图或影像（使用WMS标准），实时数据（使用WFS标准），用户更新、删除和编辑的数据（使用WFS-T标准）等。5.1.2小节中已对GeoServer的主要特性进行了列举，此处不再赘述。

GeoServer安装配置后，启动即进入主界面（图6.1），界面左侧为功能菜单栏，右侧为工作区。GeoServer按照功能可分为服务器模块、服务模块、数据模块、安全模块、监控演示辅助等，下面分别介绍前四个模块的设计内容。

图6.1　GeoServer主界面

6.2　服务器模块

本节将具体介绍服务器模块的各个操作过程，服务器模块主要设置GeoServer当前的服务器状态、联系信息、全局设置、Java高级映像（Java advanced imaging，JAI）配置和GeoServer介绍信息。

6.2.1　服务器状态

服务器状态主要是与本页面连接的GeoServer相关的基本状态信息，包括内存、Java虚拟机版本、JAI内容使用、资源缓存、配置和目录，以及关于GeoServer的配置时间戳信息（图6.2）。这些信息在安装、配置和使用GeoServer过程中自动记录和更新，方便用户了解和管理GeoServer中的服务器。

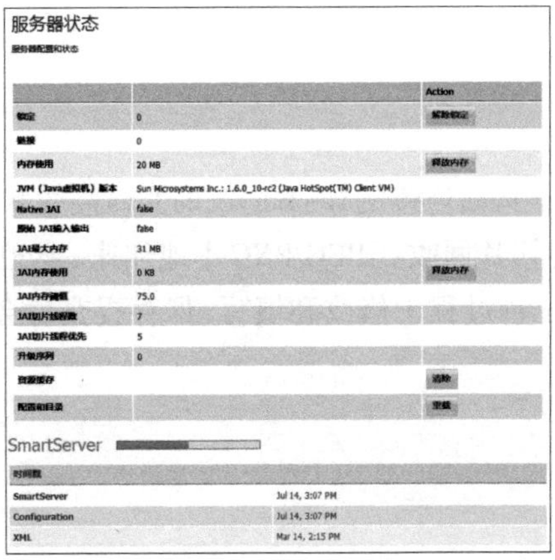

图6.2　服务器配置与时间戳

6.2.2 联系信息

服务器联系信息主要是与本页面连接的GeoServer相关的联系信息，包括联系人、组织、职位、地址类型、地址、城市、省和邮政编码等（图6.3），以及电话、传真和电子邮件（E-mail）等信息（图6.4）。这些信息可在配置和使用GeoServer过程中修改和填写，方便组织和管理GeoServer。

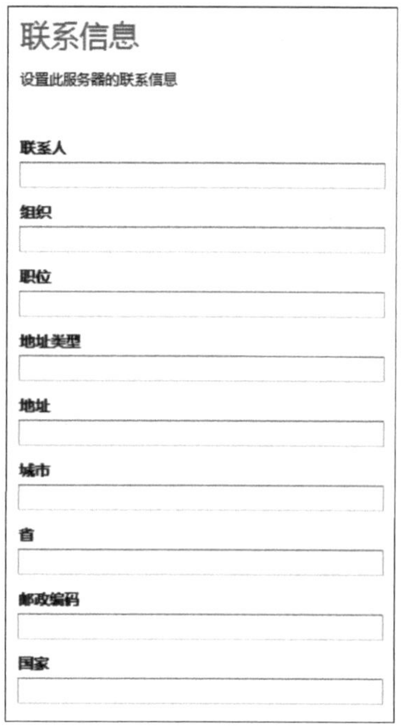

图6.3 GeoServer的联系信息界面

图6.4 GeoServer的电话、传真和E-mail联系信息界面

6.2.3 全局设置

服务器全局设置主要是与本页面连接的GeoServer的全局信息相关的设置，包括详细消息、详细异常报告、位数、字符集、代理基础URL、日志配置文件、要素缓存大小等（图6.5）。这些设置信息可在配置和使用GeoServer过程中进行修改和填写，保存提交后会相应地影响和改变GeoServer配置。

6.2.4 JAI配置

服务器JAI配置主要是与本页面连接的GeoServer的Java高级映像配置管理相关，包括内存容量、内存阈值、切片线程优先、切片回收、JPEG/PNG本地加速、本地镶嵌加速等（图6.6）。这些设置信息可在配置和使用GeoServer过程中修改和填写，保存提交后会相应地影响和改变GeoServer的Java高级映像配置。

图6.5　GeoServer的全局设置界面

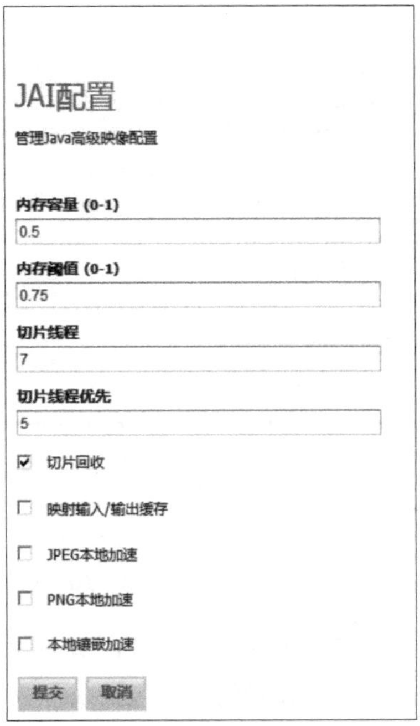

图6.6　GeoServer的JAI配置界面

6.3　服务模块

6.3.1　缓存切片

GeoWebCache（GWC）是能够聚合WCS、WFS、WMS等多种服务并提供缓存再发布的程序。GeoWebCache服务器拦截来自客户端的请求，判断本次请求的数据是否已经被缓存。如果请求数据已被缓存，则将这些缓存图片直接渲染至客户端。如果请求数据没有被缓存，则发送请求至WMS Server（提供网络地图服务的服务器），由服务器处理请求数据，并返回给GeoWebCache服务器，数据经过渲染及缓存后绘制到客户端。GeoWebCache能够有效提高地图展示的速度，实现更好的用户体验。

单击服务模块下的“WMTS”（网络地图瓦片服务，即缓存切片）选项进入缓存切片处理界面（图6.7），可设置自动根据设置生成服务切片。单击图中的“A list of all the layers…”（全部图层列表）链接打开图层列表。图6.8列出了GeoServer站点中支持切片的所有服务图层。

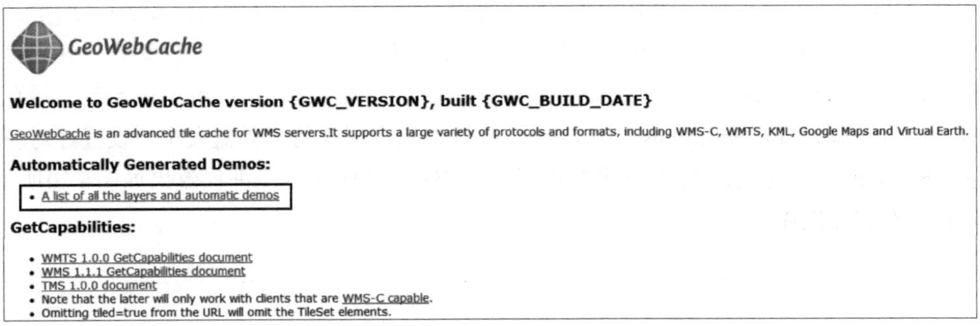

图6.7　GeoWebCache的缓存切片处理界面

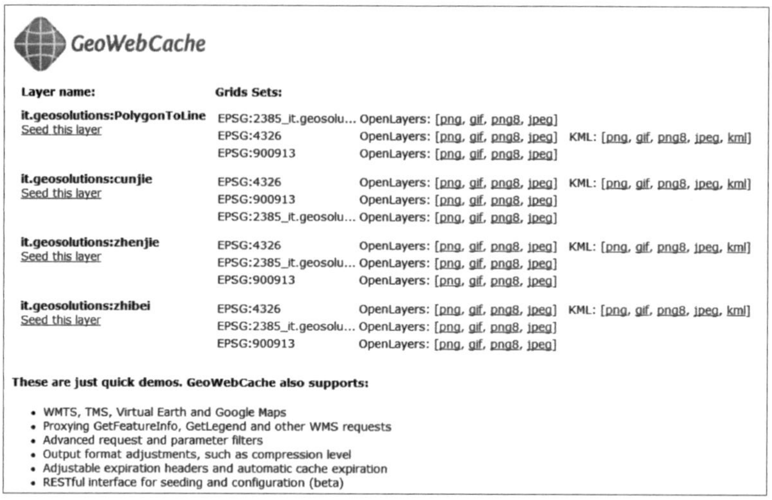

图6.8 GeoWebCache的图层列表

根据任务需要选择相应图层，单击“Seed this layer”（配置该图层）可进入缓存切片参数设置界面。如图6.9所示，可设置的参数包括线程数、操作类型、格网集合、输出格式、视图级别、边界范围等。

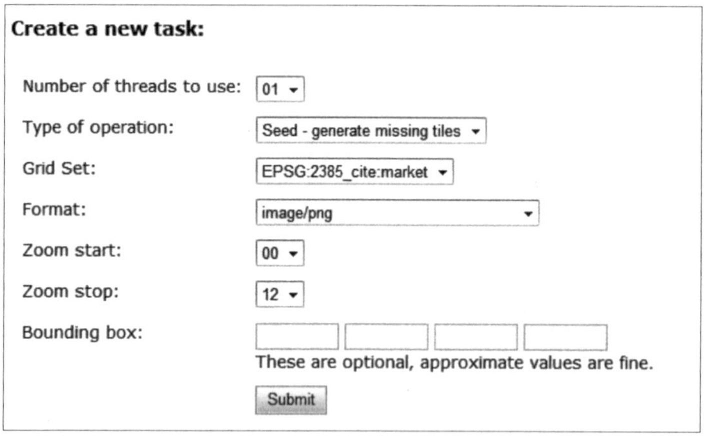

图6.9 GeoWebCache的缓存切片参数设置界面

图6.9中，“Number of threads to use”（要使用线程数）参数可选择系统进行缓存切片所分配的进程数；“Type of operation”（操作类型）参数可设定操作的类型，详细信息如表6.1所示；“Grid Set”（格网集合）参数可设置缓存切片所使用的坐标系统；“Format”（格式）参数可确定缓存切片的输出格式；“Zoom start”（视图起始）与“Zoom stop”（视图终止）参数可确定起始缓存和结束缓存的级别范围；“Bounding box”（边界框）参数可确定缓存的边界盒大小。设置好对应的参数单击“Submit”（提交）按钮，系统将对选择的图层进行缓存切片，进程效果如图6.10所示，即正在制作缓存切片操作。

表6.1　缓存切片操作类型说明

类型	含义
Seed	对更新的数据做切片，没有更新的部分将保持不变
Reseed	删除所有的缓存切片，重新生成新的切片
Truncate	删除所有缓存切片

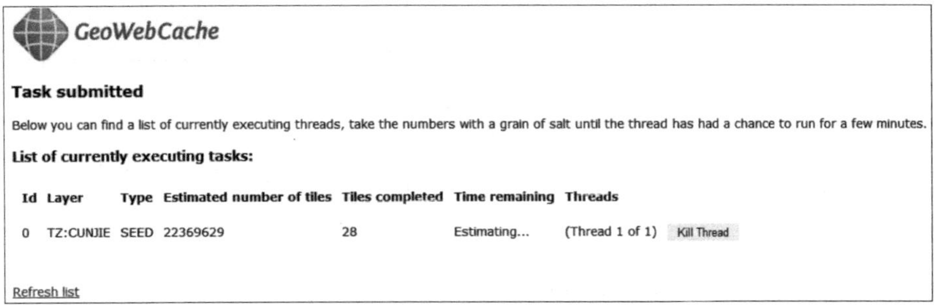

图6.10　GeoWebCache对选择的图层进行缓存切片

6.3.2　网络覆盖服务

在GeoServer中单击服务模块下的“WCS”（网络覆盖服务）选项，即进入服务信息设置界面（图6.11），主要信息为服务元数据，包括启用WCS选项、维护人员、在线资源、标题、摘要、费用、访问限制、关键词等。

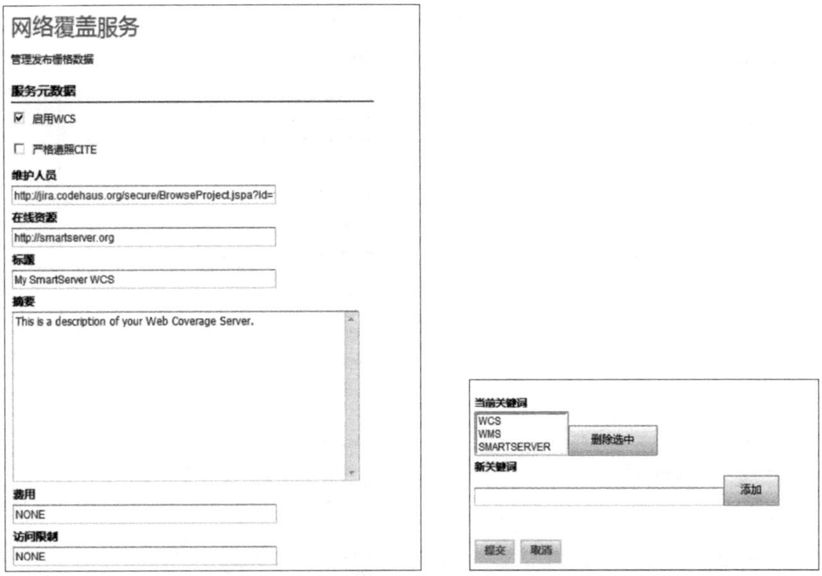

图6.11　网络覆盖服务信息设置界面

6.3.3　网络要素服务

在GeoServer中单击服务模块下的“WFS”（网络要素服务）选项，即进入服务信息设置界面（图6.12），主要信息为服务元数据，包括启用WFS选项、维护人员、在线资源、标题、摘要、费用、访问限制、关键词、要素、服务等级、GML2、GML3等。

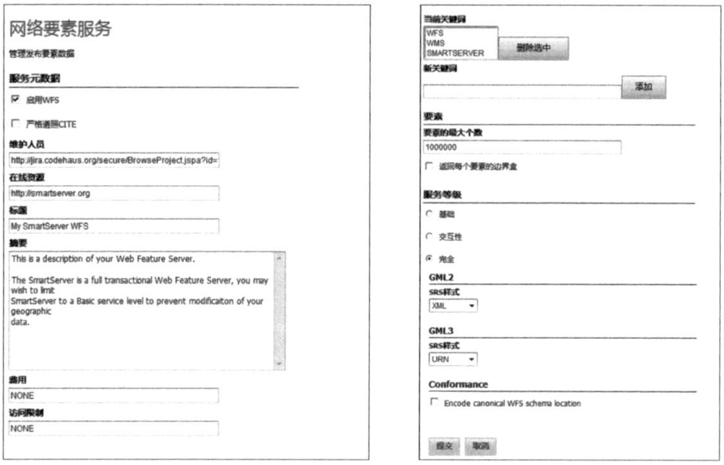

图6.12　网络要素服务信息设置界面

6.3.4　网络地图服务

在GeoServer中单击服务模块下的“WMS”（网络地图服务）选项，即进入服务信息设置界面（图6.13），主要信息为服务元数据，包括启用WMS选项、维护人员、在线资源、标题、摘要、费用、访问限制、关键词和限制空间参数系统（spatial reference system，SRS）列表、栅格渲染选项、KML选项、资源消耗限制、水印设置，以及PNG选项、JPEG选项、SVG选项等。

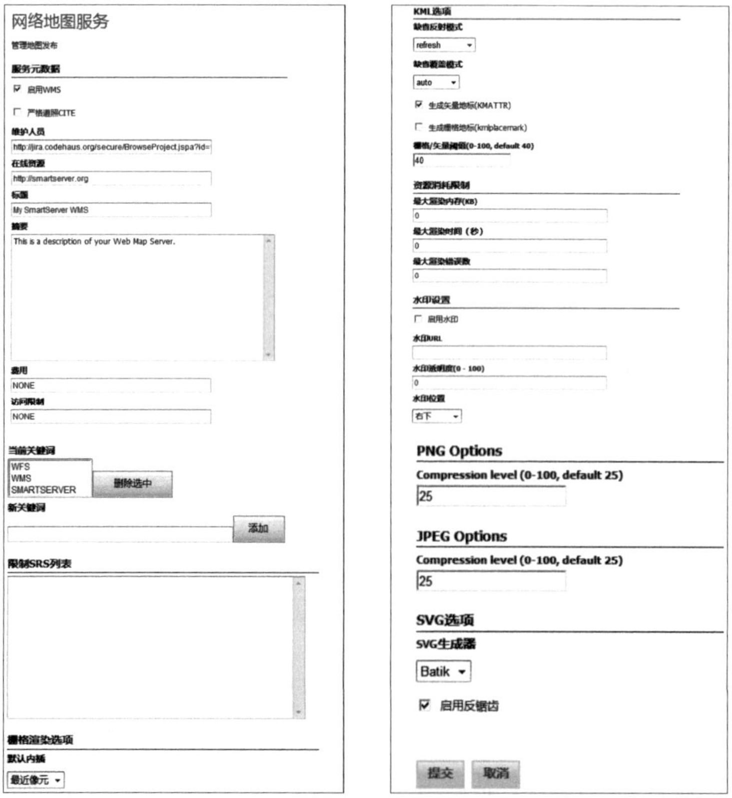

图6.13　网络地图服务信息设置界面

6.4　数据模块

6.4.1　工作空间

工作空间提供了集中管理地理信息系统空间数据的有效方法，选择图6.1左侧功能栏数据模块下的“工作区”选项，单击即进入工作空间。工作空间界面如图6.14所示，图6.14列表将列出GeoServer中管理的工作空间。当存在多个工作空间时，工作空间按照修改时间的先后顺序排列。单击列表的工作空间名称字段，工作空间列表将按照工作空间名称的字母顺序升序排列；再次单击工作空间名称字段，工作空间列表将按照工作空间名称的字母顺序降序排列。在搜索框中输入目标工作空间的名称，可以查找到目标工作空间，并将该工作空间列在工作空间列表内。

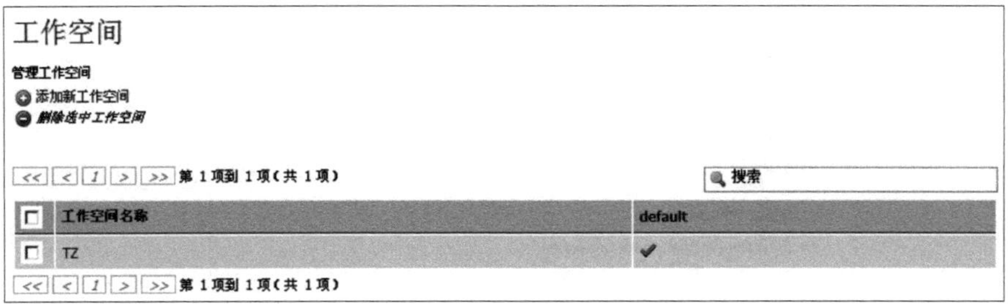

图6.14　GeoServer的工作空间界面

单击图6.14中的“添加新工作空间”，页面将跳转到图6.15的新工作空间界面。其中，“Name”（名称）参数可设置新工作空间的名称，“名称空间URI”参数可设置名称空间的一个HTTP地址，“Default workspace”（默认工作空间）复选框可设置当前新建的工作空间是否为默认的工作空间。完成以上参数设置，单击“提交”按钮，新建一个新的工作空间，界面将跳转到上述工作空间的列表界面，当前新建的工作空间名称将在列表中列出。

图6.15　配置新的工作空间

当需要删除某一个工作空间时，用户只需要选中待删除工作空间前的复选框，单击“删除选中工作空间”，即提示删除对象（图6.16），单击“确认”按钮后即可删除该工作空间。

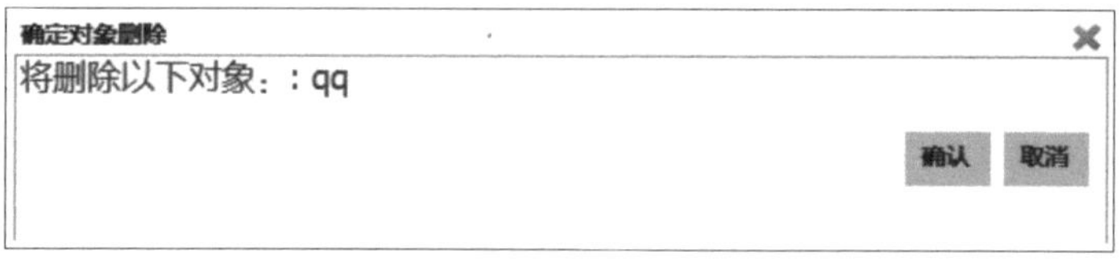

图6.16　删除选中的工作空间

当需要更新工作空间时，用户只需要在工作空间列表上单击“工作空间”，页面将跳转到编辑工作空间界面，该界面各种参数与新建空间一样，这里不再赘述，在图6.17所示界面中可设置相关信息。

图6.17　编辑已经存在的工作空间

6.4.2　数据集

数据集提供了集中管理地理信息系统空间数据的有效方法，单击图6.1左侧功能栏数据模块下的“图层组”选项即进入数据集，数据集界面如图6.18所示，数据集列表将列出GeoServer中管理的数据集。当存在多个数据集时，数据集将按照修改的时间先后顺序排列。单击列表的数据集名称字段，数据集列表将按照数据集名称的字母顺序升序排列；再次单击数据集名称字段，数据集列表将按照数据集名称的字母顺序降序排列。用户也可以单击类型字段，数据集将按照类型排序；单击工作空间字段，数据集将按照工作空间名称排序。在搜索框中输入目标数据集的名称可以找到目标数据集，并将该数据集列在数据集列表内。

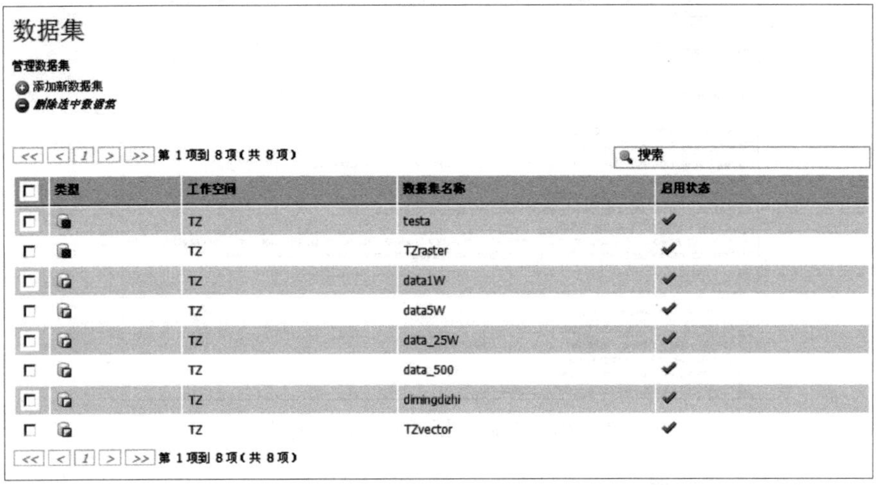

图6.18　GeoServer的数据集界面

1. 删除数据集

用户选中目标数据集前的复选框，单击图6.18 中“删除选中数据集”命令（支持多选，可批量删除多个数据集），在弹出的确认删除对话框（图6.19）中单击“确认”按钮，即可删除目标数据集。

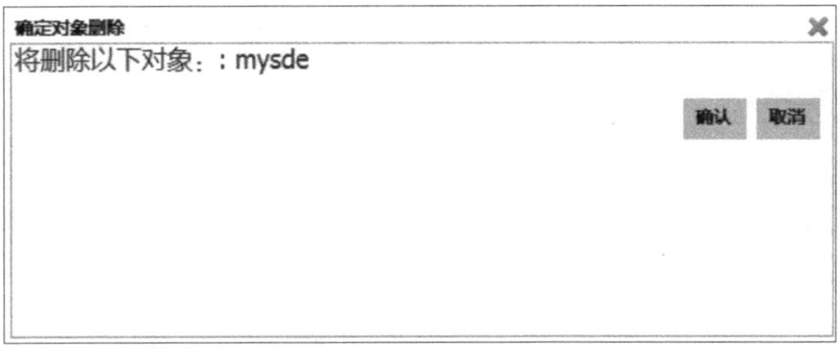

图6.19　删除选中数据集

2. 添加数据集

单击“添加新数据集”，页面跳转到新数据源界面，GeoServer提供矢量数据源和栅格数据源这两种数据源类型来进行空间数据的发布与管理。具体支持的数据源如图6.20所示，矢量数据源通过PostGIS、ArcSDE、Shapefile和WFS等方式提供矢量数据，栅格数据源通过GeoTIFF、ArcGrid、ArcSDE Raster等方式提供栅格数据。

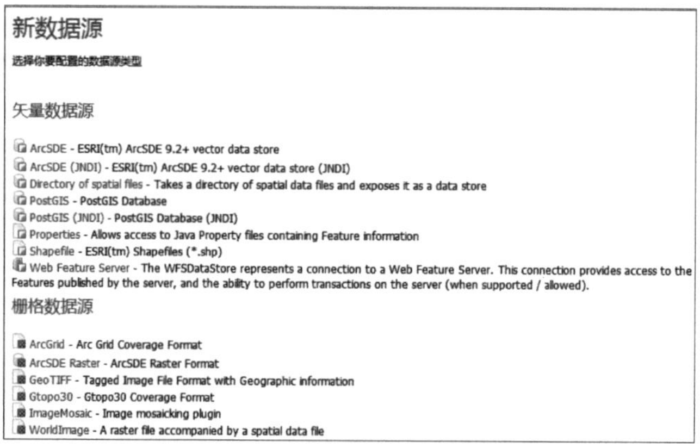

图6.20 矢量数据源和栅格数据源

3. 发布ArcSDE矢量数据

单击图6.20中矢量数据源列表中的“ArcSDE”将选择ArcSDE作为数据源，发布ArcSDE数据库中存储的矢量数据，设置信息包括工作空间、数据源名称、描述信息和数据库连接参数等（图6.21）。

图6.21 ArcSDE作为矢量数据源设置

图6.21中，“基础数据集信息”可设置新建的矢量数据集的基本信息。“工作空间”参数可设置当前新建的矢量数据集存放的工作空间。“数据源名称”参数可设置当前新建矢量数据集的名称。“Description”（描述）参数可设置新建矢量数据集的描述信息。“启用”复选框可设置当前新建的矢量数据集是否可用：如果复选框不选中，则当前矢量数据集状态为不可用，上述数据集列表的启用状态将为⚠；相反则状态为可用，数据集列表将显示✔。

图6.21中“连接参数”可设置新建矢量数据集的相关链接信息。“数据库类型”参数可设置当前新建矢量数据集的类型。“主机名或IP地址”参数可设置新建矢量数据集连接服务器的计算机

名或者IP地址。“端口”参数可确定端口号，默认为5151。“实例名”参数可确定数据库实例名。“用户名”参数可确定ArcSDE数据库用户名，“密码”参数可确定ArcSDE数据库密码。“初始连接数”“最大连接数”参数分别设置连接的初始和最大连接数，一般保持默认值。“连接时限(毫秒)”参数可设置连接ArcSDE数据库的时间，如果超过设置的时间仍连接不上ArcSDE则提示连接失败。其他参数保持默认设置即可。

完成以上参数设置，单击“保存”按钮，将新建一个新的矢量数据集，界面将跳转到选择新图层的界面(图6.22)，保存在ArcSDE数据库中的数据将作为当前新建数据集的矢量数据源列在列表中。选择对应的图层，单击“Publish”(发布)即可发布相应的矢量数据(数据发布将在下节“发布Shapefile矢量数据”中详细论述)。在搜索框中输入待发布的数据名称，按回车键即可定位到指定的图层。

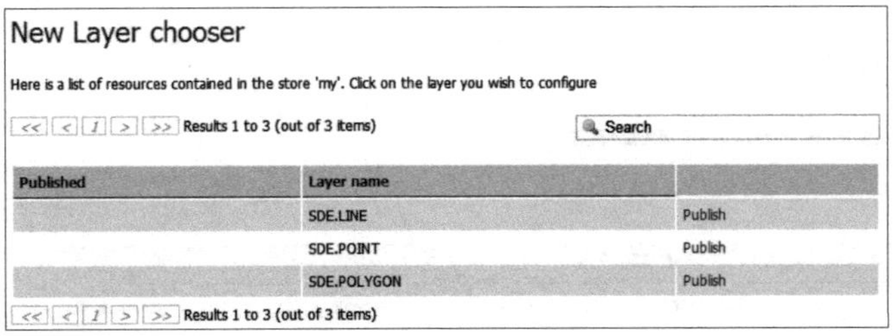

图6.22　ArcSDE新图层选择界面

4. 发布Shapefile矢量数据

GeoServer还提供了以连接本地文件的方式来发布矢量数据的功能。在图6.20的矢量数据源下的列表中选择“Shapefile”，进入新矢量数据源界面(图6.23)，可设置基础数据集信息和连接参数等。

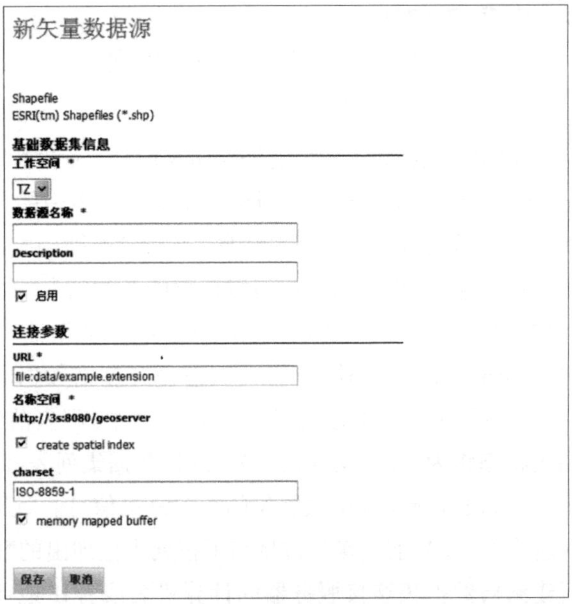

图6.23　以连接本地文件的方式发布矢量数据

图6.23中，“基础数据集信息”可设置新建的矢量数据集的基本信息。“工作空间”参数可设置当前新建的矢量数据集存放的工作空间。“数据源名称”参数可设置当前新建矢量数据集的名

称。“Description”（描述）参数可设置新建数据的描述信息。“启用”复选框可设置当前新建的矢量数据集是否可用：如果复选框不选中，则当前矢量数据集的状态为不可用，上述数据集列表中启用状态将为；相反则状态为可用，数据集列表将显示。

图6.23中，“连接参数”可设置新建矢量数据集的相关链接信息。“URL”参数可设置文件的绝对路径，必须以“file：”作为前缀，前缀后接绝对路径。“名称空间”参数的默认值提供了工作空间的名称，此参数为只读。“create spatial index”（创建空间索引）复选框为是否设置空间索引，默认为选中状态。“charset”（字符集）参数可设置数据集的字符集。其他参数保持默认值。

设置完以上参数，单击“保存”按钮，将跳转到选择新图层界面（图6.24），保存在文件中的数据将作为当前新建数据集的矢量数据源列在列表中。选择对应的图层，单击“发布”即可发布相应的矢量数据。在搜索框中输入待发布的数据名称，按回车键即可定位到指定的图层。

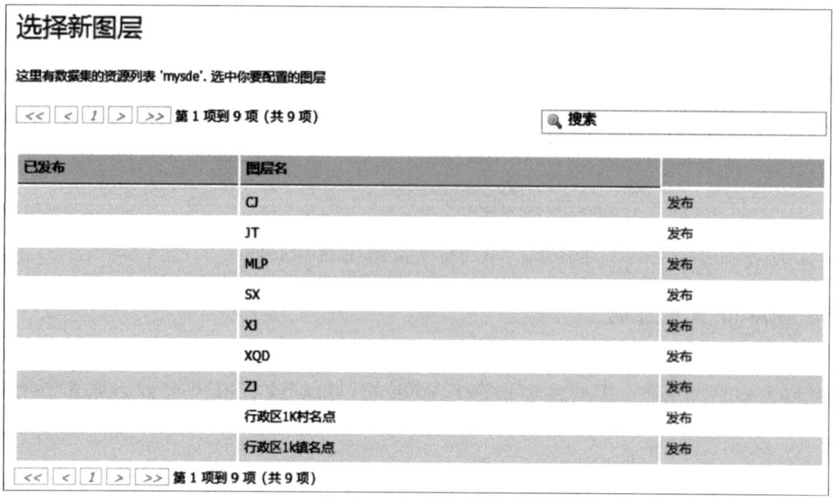

图6.24　Shapefile新图层选择界面

5. 发布栅格数据

GeoServer提供了发布栅格数据的接口，主要有连接ArcSDE Raster和本地GeoTIFF文件的方式。

发布ArcSDE Raster栅格数据，单击图6.20中栅格数据源下列表中的“ArcSDE Raster”，进入添加覆盖数据源界面（图6.25），可设置基础数据集信息、连接参数等。

图6.25中，“基础数据集信息”可设置新建栅格数据集的基本信息。“工作空间”参数可设置当前新建的栅格数据集存放的工作空间。“Data Source Name”（数据源名称）参数可设置当前新建栅格数据集的名称。“Description”（描述）参数可设置新建栅格数据的描述信息。“启用”复选框可设置当前新建的栅格数据集是否可用：如果复选框不选中，则当前栅格数据集状态为不可用，上述数据集列表中启用状态将为；相反则状态为可用，数据集列表将显示。

图6.25中，“连接参数”可设置新建栅格数据集的相关链接信息。“设置相同连接参数为”参数将控制连接ArcSDE的连接参数，当前连接参数将与下拉列表框列出的数据集的连接参数相同。“服务器”参数可设置新建栅格数据集连接服务器的计算机名或者IP地址。“端口”参数可确定端口号，默认为5151。“数据库”参数可确定连接的数据库实例名。“用户名”参数可确定ArcSDE数据库用户名，“密码”参数可确定ArcSDE数据库密码。单击“刷新”按钮，下拉列表框将列出ArcSDE数据库中存储的所有栅格数据集。

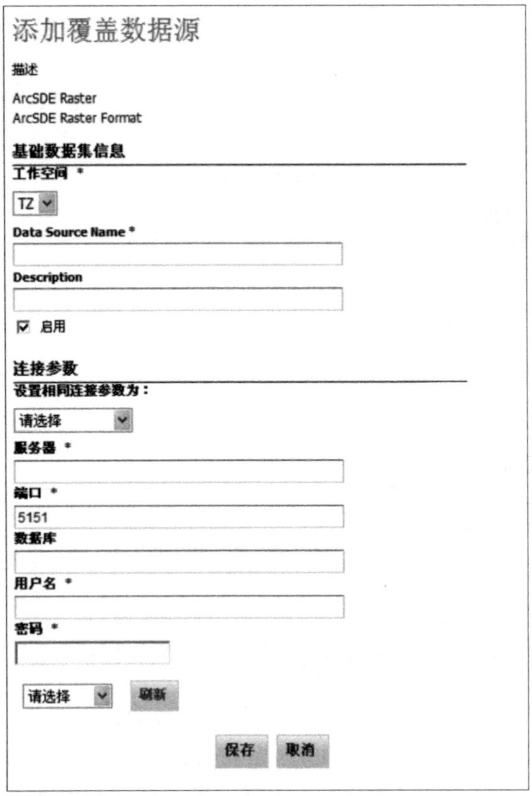

图6.25 ArcSDE Raster作为覆盖数据源设置

设置完以上参数，单击“保存”按钮，将跳转到选择新图层界面（图6.26），待发布的栅格数据将作为当前新建数据集的栅格数据源列在列表中。选择对应的图层单击“发布”，即可发布相应的栅格数据。在搜索框中输入待发布的栅格数据的名称，按回车键即可定位到指定的图层。

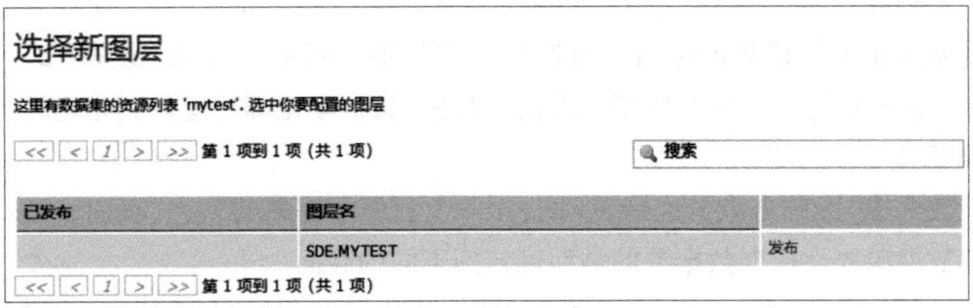

图6.26 栅格数据新图层选择界面

6. 发布GeoTIFF栅格数据

GeoServer同时还提供了以连接本地文件的方式来发布栅格数据，在图6.20的栅格数据源列表下选择“GeoTIFF”，进入添加覆盖数据源界面（图6.27），可设置基础数据集信息和连接参数等信息。

图6.27　以连接本地文件的方式发布栅格数据

图6.27中，"基础数据集信息"可设置新建栅格数据集的基本信息。"工作空间"参数可设置当前新建栅格数据集存放的工作空间。"Data Source Name"（数据源名称）参数可设置当前新建栅格数据集的名称。"Description"（描述）参数可设置新建栅格数据集的描述信息。"启用"复选框可设置当前新建的栅格数据集是否可用：如果复选框不选中，则当前栅格数据集状态为不可用，上述数据集列表中启用状态将为⚠；相反则状态为可用，数据集列表将显示✔。

图6.27中，"连接参数"可设置新建栅格数据集的相关链接信息。"URL"参数设置文件的绝对路径，必须以"file:"作为前缀，前缀后接绝对路径。

设置完以上参数，单击"保存"按钮，将跳转到选择新图层界面，保存在文件中的栅格数据将作为当前新建数据集的栅格数据源列在列表中。选择对应的图层，单击"发布"即可发布相应的栅格数据。在搜索框中输入待发布的栅格数据的名称，按回车键即可定位到指定的图层。

7. 更新数据集

用户更新数据集时，单击数据集列表（图6.18）上目标数据集的名称，页面将跳转到编辑数据源界面。编辑数据源界面根据数据源的类型跳转到不同的界面。

（1）当单击Shapefile文件方式的矢量数据源时，界面跳转到如图6.28所示的编辑矢量数据源界面，可设置基础数据集信息和连接参数等。

（2）当单击ArcSDE方式的矢量数据源时，界面跳转到如图6.29所示的编辑矢量数据源界面，设置信息包括工作空间、数据源名称、描述等的基础数据集信息，包含数据库类型、主机名或IP地址、端口、实例名、用户名、密码、连接数等的ArcSDE数据库连接参数。

图6.28　编辑以Shapefile文件方式发布的矢量数据源

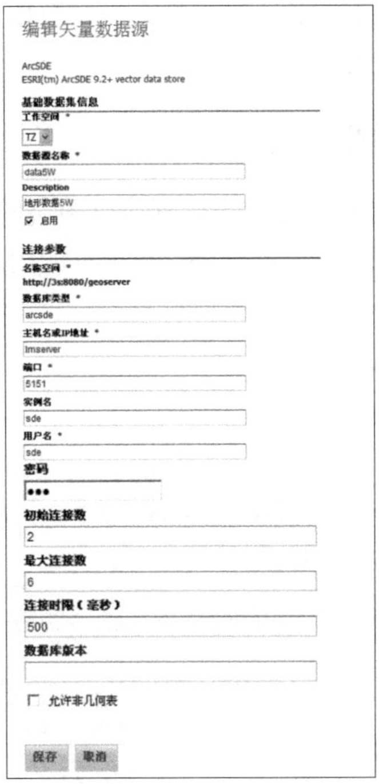

图6.29　编辑以ArcSDE方式发布的矢量数据源

（3）当单击GeoTIFF文件方式的栅格数据源时，界面跳转到如图6.30所示的编辑栅格数据源界面，可设置基础数据集信息和连接参数等。

（4）当单击ArcSDE Raster方式的栅格数据源时，界面跳转到如图6.31所示的编辑栅格数据源界面，以ArcSDE Raster方式发布的栅格数据源信息主要包括ArcSDE数据库连接参数等。

图6.30　编辑以GeoTIFF文件方式发布的栅格数据源

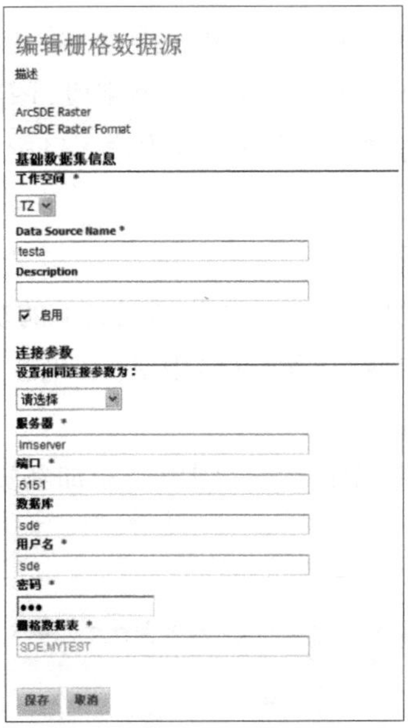

图6.31　编辑以ArcSDE Raster方式发布的栅格数据源

各数据集更新界面上的参数与新建数据集时的参数意义完全相同，用户可以参照上述参数设置，在此不再赘述。

6.4.3 图 层

图层模块提供了发布与管理所有图层的功能，单击图6.1左侧功能栏数据模块下的“图层”，工作区进入图层界面，会显示GeoServer的图层列表信息（图6.32）。

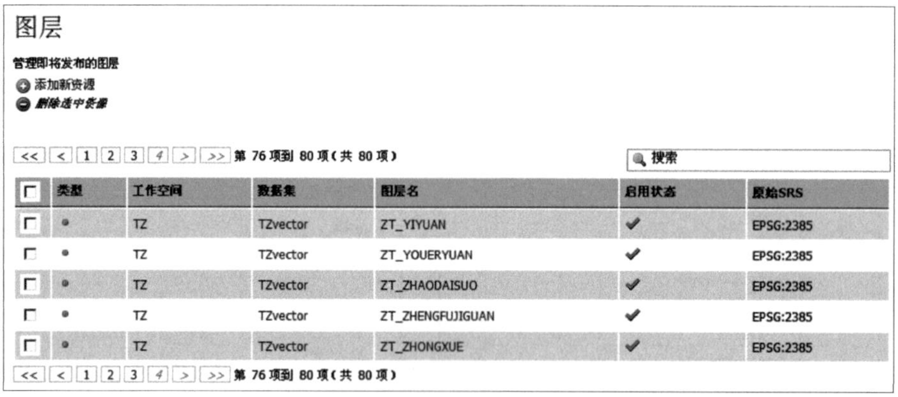

图6.32　GeoServer的图层界面

如图6.32所示，图层列表列出了当前所有已发布的图层信息。每一条记录都具体列出了类型信息：如果是点图层，类型列将显示为；如果是线图层，类型列将显示为；如果是面图层，类型列将显示为；如果是栅格层，类型列将显示为。工作空间列会列出当前图层所属的工作空间，数据集列会列出当前图层所属的数据集的名称，图层名列会显示图层的名称。启用状态会显示当前图层是否可用：如果可用则显示，如果不可用则显示。原始SRS列将列出图层的坐标系信息。当存在多个图层时，图层按照修改的时间进行排列。单击图层列表的图层名字段，图层列表将按照图层名称的字母顺序升序排列；再次单击图层名字段，图层列表将按照图层名称的字母顺序降序排列。用户也可以单击类型字段，图层将按照类型排序；单击工作空间字段，数据集将按照工作空间名称排序。在搜索框中输入目标图层的名称可以查找到目标图层，并将该图层列在图层列表内。

1. 删除图层

删除对应的图层，只需要将图层名前的复选框选中，单击图6.32 中的“删除选中资源”按钮，在弹出的确认对话框（图6.33）中单击“确认”按钮，即可删除选中的目标图层。

2. 添加图层

添加新图层，单击图6.32中的“添加新资源”按钮，在选择新图层界面（图6.34）中可选择图层来源信息。

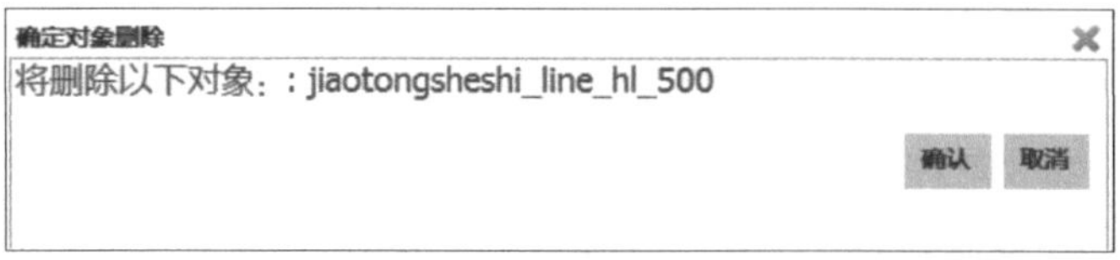

图6.33　删除选中的图层

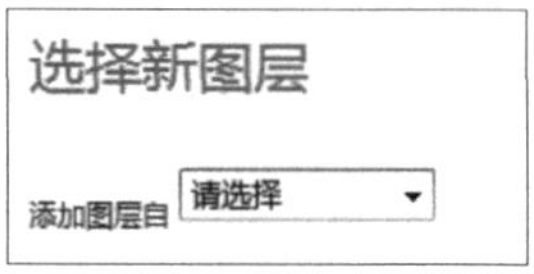

图6.34　添加新图层

图6.34中“添加图层自”参数用于设置待添加图层所属的数据集。选择待发布图层所属的数据集，可浏览数据集图层列表（图6.35）。

图6.35　图层列表

选择新图层列表将列出该数据集所包含的所有图层，每一个图层给出“已发布”、图层名和操作信息。“已发布”列出当前图层是否已经发布：已发布状态显示✔，操作信息为重新发布；未发布图层的状态显示为空，操作信息为发布。图层名列出图层的完整图层名。在搜索框中输入待搜索的图层名，按回车键，即可定位到目标图层。

3. 发布矢量图层

单击图6.35中未发布的矢量图层后的“发布”，跳转到矢量数据图层发布界面，信息设置包括含有名称、标题、摘要的基础资源信息，关键词，元数据链接，坐标参考系统，边界盒范围和要素类型细节等（图6.36、图6.37）。图6.36和图6.37所示的矢量数据图层发布界面主要用来设置当前图层配置资源和发布信息的参数，有两个面板：数据面板和正在发布面板。数据面板设置待发布数据的名称和空间信息等内容，正在发布面板设置样式和WMS属性。界面默认进入数据面板。

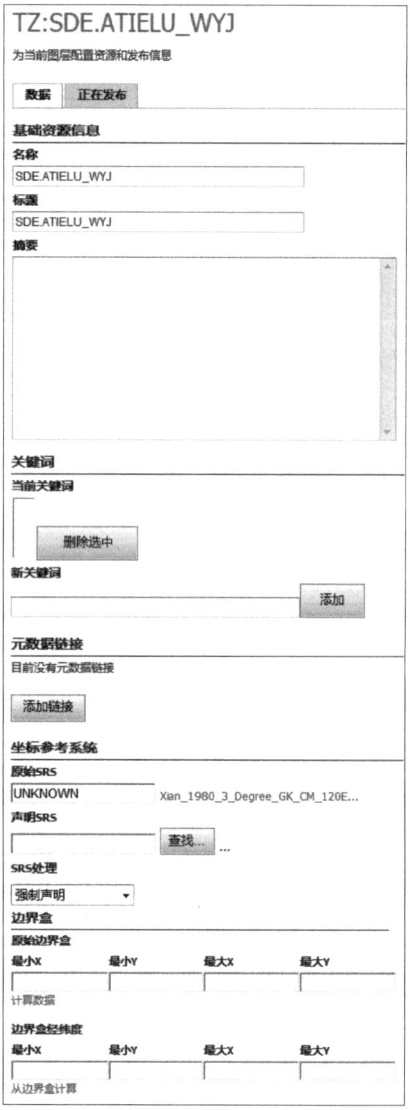

图6.36 发布矢量数据图层的数据面板一

图6.37 发布矢量数据图层的数据面板二

1)数据面板

"基础资源信息"可设置待发布数据发布后的基础信息:"名称"参数可设置发布后的WMS的名称,名称必须为英文字符;"标题"参数可设置发布后的WMS的标题;"摘要"参数可设置发布后的WMS的摘要信息。

"关键词"可设置发布后的WMS的关键词。

"元数据链接"可设置发布后的WMS的元数据链接,单击"添加链接"按钮,弹出元数据链接界面(图6.38),可设置元数据类型、格式和URL等信息。其中"类型"列表框提供了通用的元数据类型,如FGDC、TC211和"other"(其他);"格式"文本框中默认设置元数据文件的格式为"text/plain"(纯文本),用户可根据需要自行修改格式;"URL"文本框用于设置元数据文件的URL地址;单击"删除"按钮将删除已设置的元数据信息。

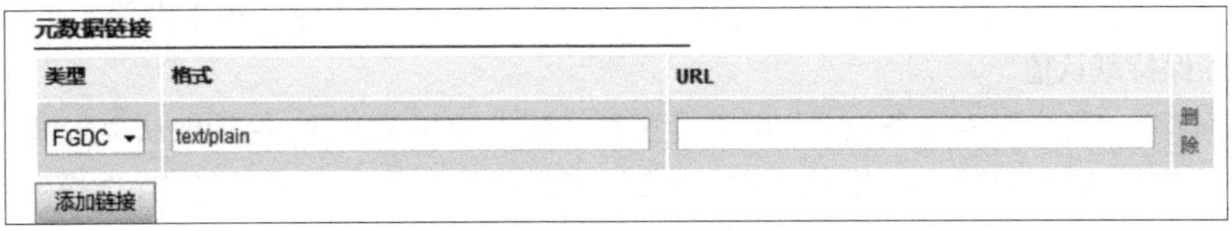

图6.38　矢量数据元数据链接界面

“坐标参考系统”可设置发布后的WMS的空间坐标信息。“原始SRS”参数可设置原始数据的坐标系统代码。“声明SRS”参数可设置发布后的WMS的坐标系统代码，当用户不知道具体的坐标系统代码时，可单击“查找”按钮，系统将弹出选择坐标系对话框（图6.39），用户可选择数据源匹配的空间参考系统。图6.39中，代码列列出了坐标系统的代号，描述列列出了坐标系统的描述信息，在搜索框中输入代码，将定位到目标坐标系统的代码。

“SRS处理”参数可设置对坐标系统的操作，提供了“强制声明”“重投影到本地文件”和“保持原始”选项，操作时保持默认值。

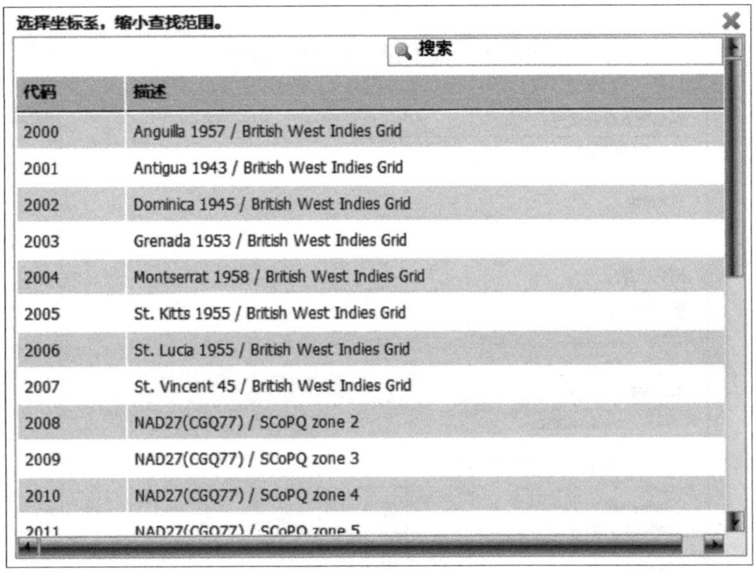

图6.39　矢量数据坐标参考系统信息选择对话框

“边界盒”可设置发布后的WMS的空间范围：“原始边界盒”可设置原始数据的边界盒大小，单击“计算数据”，系统将自动生成原始数据的边界盒的大小；“边界盒经纬度”参数用于设置发布后的WMS边界的大小，以经纬度为度量单位，单击“从边界盒计算”，系统将自动生成发布后的WMS边界盒经纬度的大小。用户可根据实际需要自行设置上述参数的范围。

“要素类型细节”用于显示发布后的WMS的要素属性信息，并以列表的形式出现。

设置好以上参数，单击“保存”按钮，切换到正在发布面板。

2）正在发布面板

在正在发布面板中，可填写基本设置、HTTP设置、网络要素服务设置、WMS属性和KML格式设置等信息（图6.40、图6.41和图6.42）。

图6.40中，“基本设置”用于设置发布后的WMS的名称和启用状态。“名称”参数为只读。“启用”复选框用于设置发布后的WMS是否可用：如果未启用，图层列表对应的图层的状态将显示

为 ；如果启用，图层列表对应的图层的状态显示为 。“HTTP设置”用于设置发布后WMS的缓存信息，保持默认值。

图6.41中，“网络要素服务设置”用于设置每个请求的相关参数，保持默认值。“默认标题”用于设置发布后WMS的样式：“默认样式”参数用于设置发布后的WMS的样式，选择列表框中的目标样式，下拉列表中将显示该样式的图例信息；“附加样式”参数可设置发布后的WMS的附加样式。

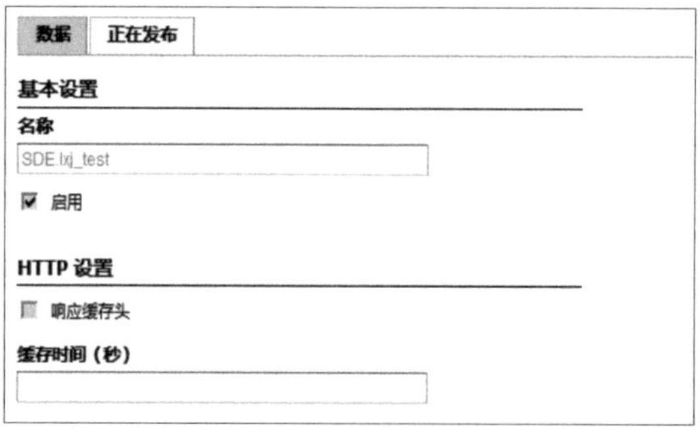

图6.40　基本设置和HTTP设置

图6.41　网络要素服务设置和默认标题

图6.42中，“WMS Attribution”（WMS属性）用于设置WMS的属性信息：“属性文字”参数可设置属性文字信息，“属性链接”用于设置属性的链接地址，“Logo URL”用于设置发布后的WMS Logo的地址，“Logo图像宽度”“Logo图像高度”参数用于设置Logo的宽度和高度。用户可根据实际需要自行定义参数。“KML格式设置”用于设置KML属性，保持默认值即可。

图6.42　WMS属性和KML格式设置

单击图6.42中“保存”按钮，当前图层发布成功，将跳转到图层列表界面，当前发布的图层将按照修改时间顺序列在列表最后。

4. 发布栅格图层

单击图6.35中未发布的栅格图层后的“发布”，系统进入栅格数据服务发布界面，信息设置包括名称、标题、摘要、关键词、元数据链接、坐标参考系统和边界盒范围等（图6.43）。该界面主要用来设置当前栅格图层的配置资源和发布信息参数，有两个面板：数据面板和正在发布面板。数据面板设置待发布栅格数据的名称和空间信息等内容，正在发布面板设置样式和WMS属性。界面默认进入数据面板。

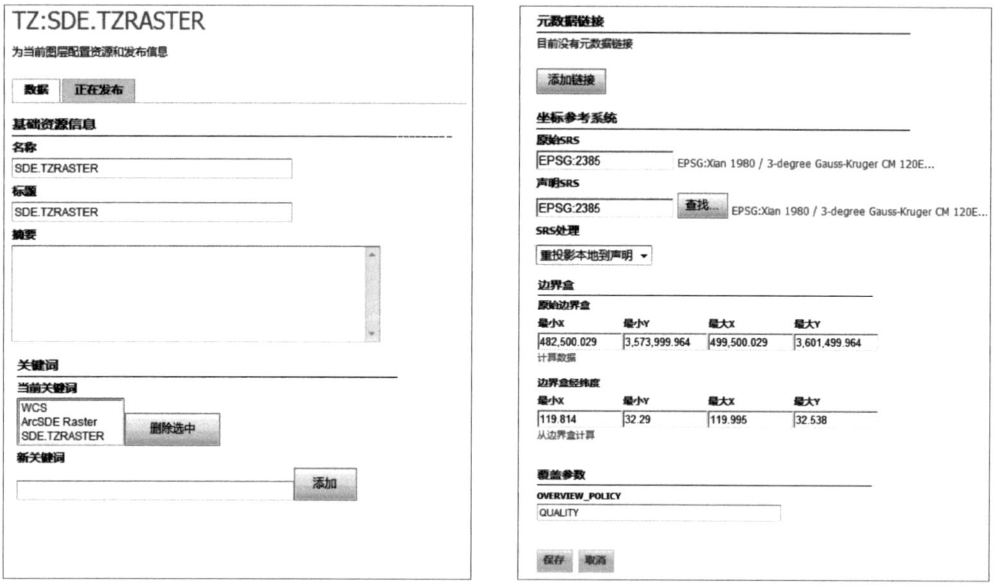

图6.43　发布栅格数据服务的数据面板

1）数据面板

“基础资源信息”可设置待发布栅格数据发布后的基础信息：“名称”参数可设置发布后的WMS的名称，名称必须为英文字符；“标题”参数可设置发布后的WMS的标题；“摘要”参数可设置发布后的WMS的摘要信息。

“关键词”可设置发布后的WMS的关键词。

“元数据链接”可设置发布后的WMS的元数据链接，单击“添加链接”按钮，弹出元数据链接界面（图6.44），可设置类型、格式和URL等。其中。“类型”列表框提供了通用的元数据类型，如FGDC、TC211和other（其他）；“格式”文本框中默认设置元数据文件的格式为“text/plain”，用户可根据需要自行修改格式；“URL”文本框用于设置元数据文件的URL地址；单击“删除”按钮将删除已设置的元数据信息。

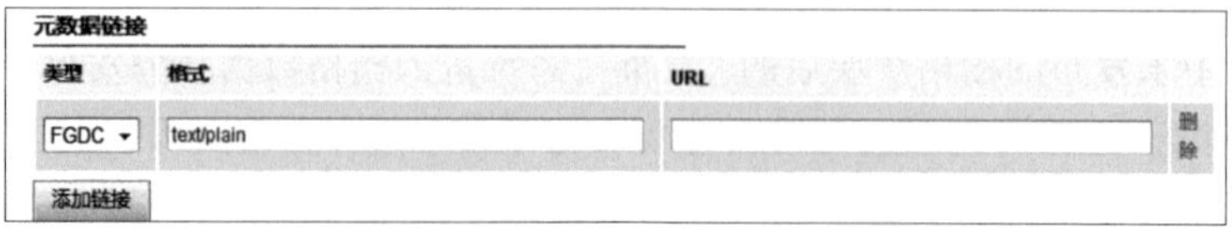

图6.44　栅格数据元数据链接界面

“坐标参考系统”可设置发布后的WMS的空间坐标信息。“原始SRS”可设置原始数据的坐标系统代码。“声明SRS”参数可设置发布后的WMS的坐标系统代码，当用户不知道具体的坐标系统代码时可单击“查找”按钮，系统将提示选择坐标系对话框（图6.45），用户可搜索和选择与栅格数据源匹配的空间参考系统。图6.45中，代码列列出了坐标系统的代号，描述列列出了坐标系统的描述信息，在搜索框中输入代码将定位到目标坐标系统的代码。“SRS处理”参数可设置对坐标系统的操作，提供了“强制声明”“重投影到本地声明”和“保持原始”选项，操作时保持默认值。

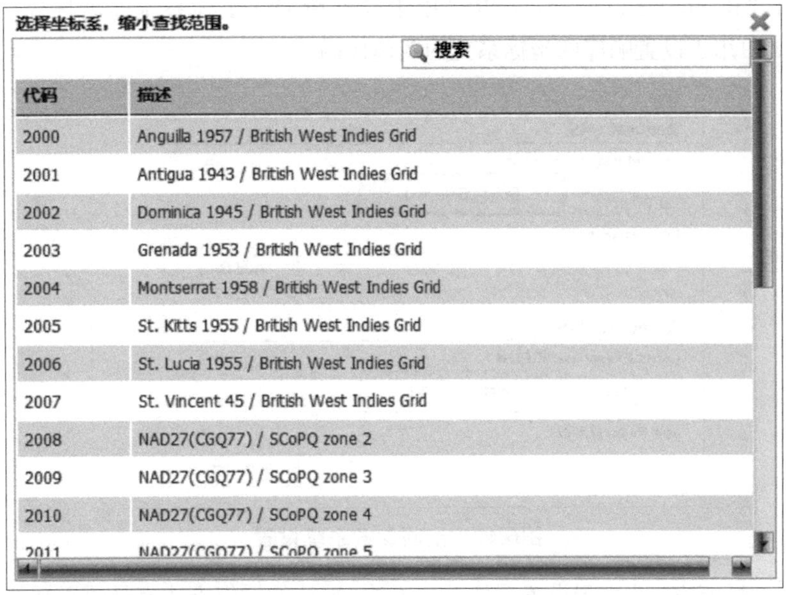

图6.45　栅格数据坐标参考系统信息选择对话框

“边界盒”可设置发布后的WMS的空间范围：“原始边界盒”参数可设置原始数据的边界盒大小，单击“计算数据”，系统将自动生成原始数据的边界盒的大小；“边界盒经纬度”参数用于设置发布后的WMS边界的大小，以经纬度为度量单位，单击“从边界盒计算”，系统将自动生成发布后的WMS边界盒经纬度的大小。用户可根据实际需要自行设置上述参数的范围。

“覆盖参数”为地图内容重叠时的设置策略，默认属性值为“QUALITY”。

设置好以上参数单击“保存”按钮，切换到正在发布面板。

2）*正在发布面板*

在正在发布面板中，可填写基本设置、HTTP设置、空间参考系统设置、插值方法、格式、默认标题、样式和WMS属性等信息（图6.46~图6.51）。

图6.46中，“基本设置”用于设置发布后的WMS的名称和启用状态。“名称”参数为只读。“启用”复选框用于设置发布后的WMS是否可用：如果未启用，图层列表对应的图层的状态将显示为⚠；如果启用，图层列表对应的图层的状态显示为✔。“HTTP设置”用于设置发布后WMS的缓存信息，一般保持默认值。

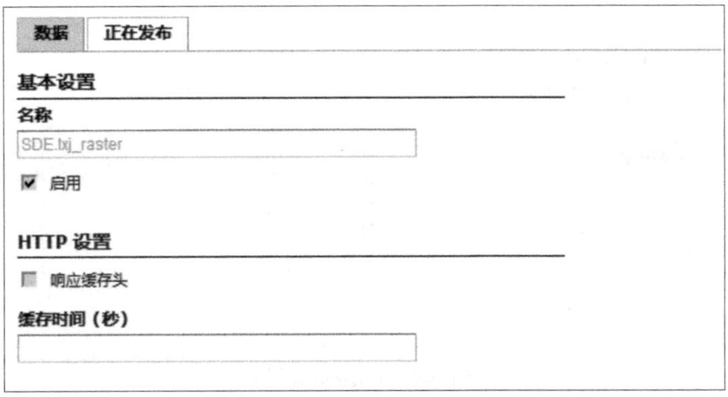

图6.46　基本设置和HTTP设置

图6.47中，“Request SRS”（请求SRS）用于设置请求的坐标系统的名称代码，“Response SRS”（响应SRS）用于设置响应的坐标系统的名称代码。

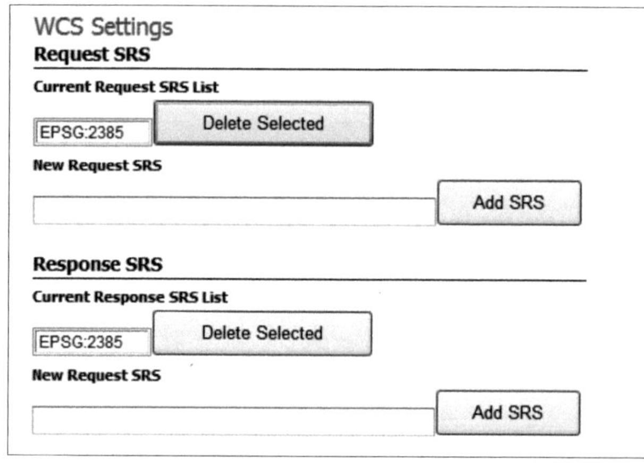

图6.47 空间参考系统设置

图6.48中，“插值方法”用于设置图像差值方法，默认的插值方法有最邻近插值法、双线性插值法和样条插值法。

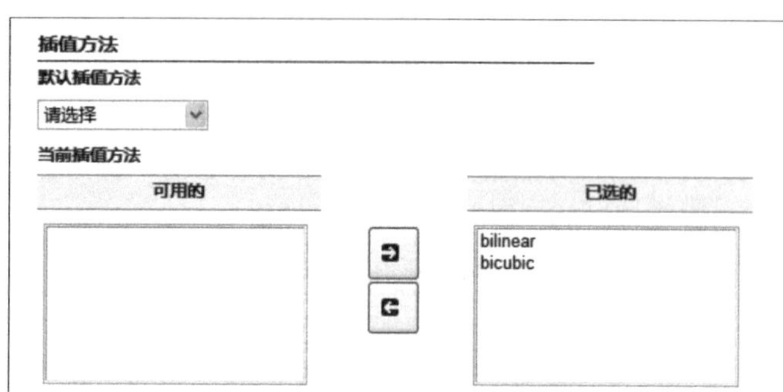

图6.48 插值方法设置

图6.49中，“Formats”（格式）用于设置WMS的输出格式，包括PNG、GIF、JPEG、TIFF等常见图片格式。

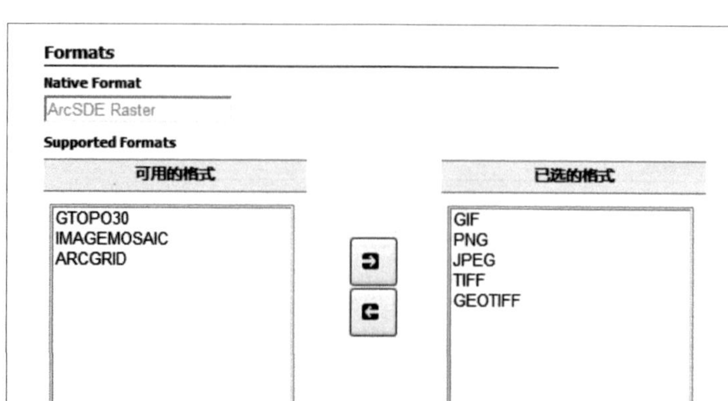

图6.49 Formats设置

图6.50中，“默认标题”用于设置发布后WMS的样式：“默认样式”参数用于设置发布后WMS的样式，选择列表框中的目标样式，在下拉列表中将显示该样式的图例信息；“附加样式”参数可设置发布后WMS的附加样式。

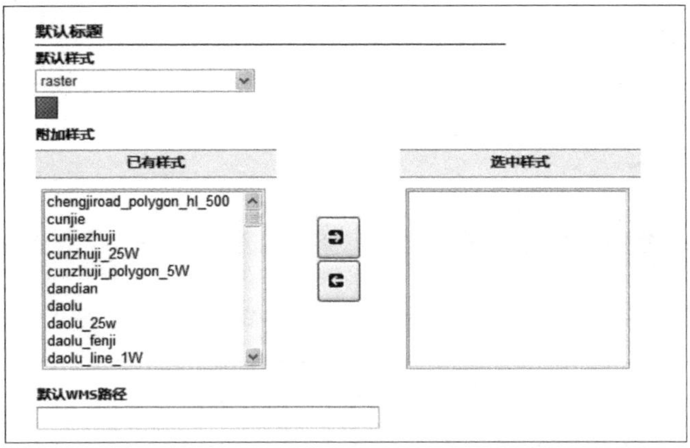

图6.50　标题和样式设置

图6.51中，“WMS Attribution”（WMS属性）用于设置WMS的属性信息：“属性文字”参数可设置属性文字信息，“属性链接”参数用于设置属性的链接地址，“Logo URL”参数用于设置发布后的WMS Logo的地址，“Logo图像宽度”“Logo图像高度”参数用于设置Logo的宽度和高度。用户可根据实际需要自行定义参数。

图6.51　WMS属性设置

在图6.51中单击“保存”按钮，当前图层发布成功，将跳转到图层列表界面，当前发布的图层将按照修改时间顺序列在列表的最后。

5. 更新图层

用户更新图层时，单击图层列表（图6.32）上目标图层的名称，即跳转到编辑数据源界面。编辑数据源界面根据数据源类型跳转到相应的界面：当单击矢量图层时，界面跳转到发布矢量图层界面；当单击栅格图层时，界面跳转到发布栅格图层界面。具体的界面和参数设置与上述发布操作相同，这里不再赘述。

6.4.4 图层组

图层组是将具有相同的空间参考系统的图层叠置在一起，方便调用的同时还丰富了信息展现。单击图6.1左侧功能栏数据模块下的“图层组”，进入新图层组添加界面（图6.52），在该界面可以添加或删除图层组。

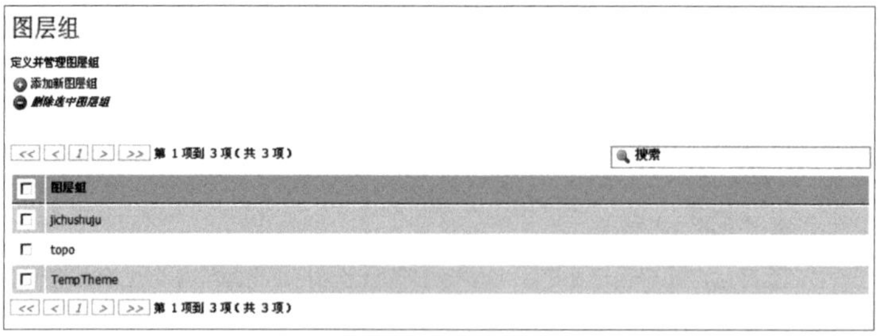

图6.52　GeoServer的图层组界面

当存在多个图层组时，图层组按照修改的时间先后顺序排列。单击列表的图层组字段，图层组列表将按照图层组名称的字母顺序升序排列；再次单击图层组字段，图层组列表将按照图层组名称的字母顺序降序排列。在搜索框中输入图层组的名称可查找到目标图层组，并将该图层组列在图层组列表中。

1. 删除图层组

删除目标图层组，只需要选中图6.52中图层组前面的复选框，单击“删除选中图层组”按钮，在弹出的确认对话框（图6.53）中单击“确认”按钮，即可删除目标图层组。

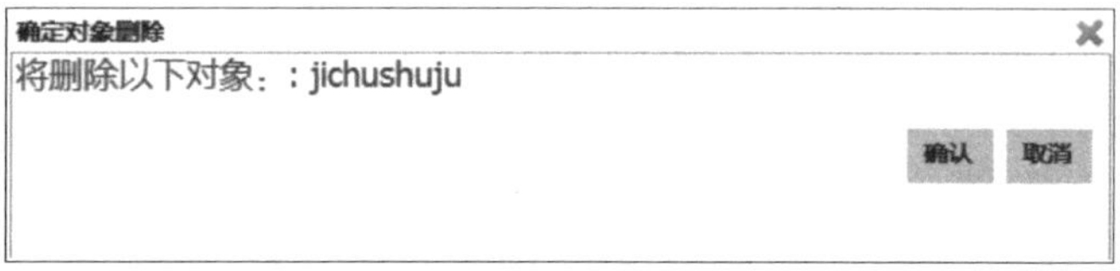

图6.53　删除选中图层组

2. 添加图层组

在图6.52中，单击“添加新图层组”按钮，进入添加新图层组界面（图6.54），可设置名称、边界、图层等信息。

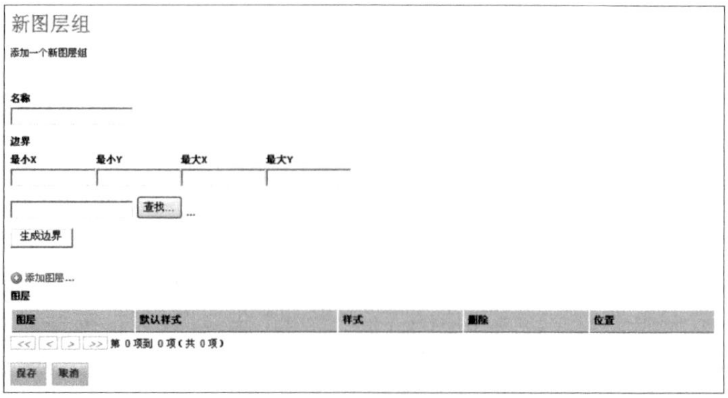

图6.54　添加新图层组

“名称”参数可设置图层组的名称。“边界”参数可设置图层组的空间范围，用户可以在边界盒的文本框中手动输入空间范围，也可以单击“生成边界”按钮，系统按照图层组最大的空间范围自动生成边界范围。单击“查找”按钮，系统弹出查找SRS代码的对话框（图6.55），可搜索满足条件的空间参考系统。

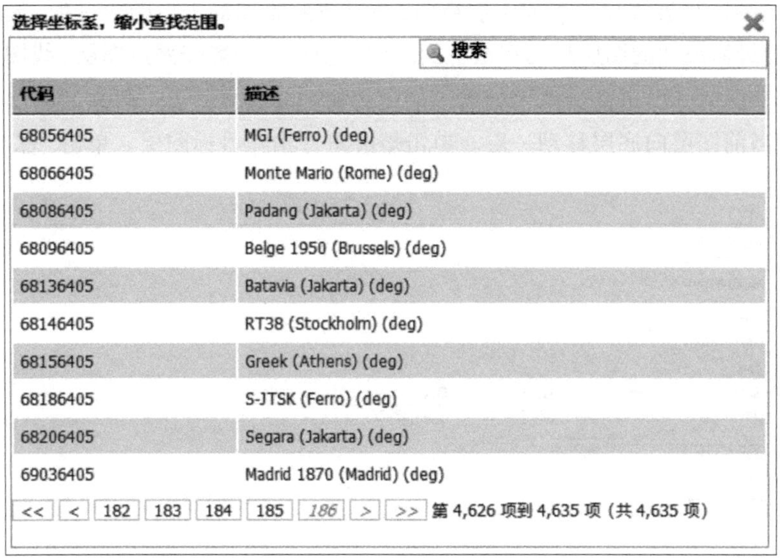

图6.55　SRS代码对话框

在图6.54中，单击“添加图层”按钮，弹出选择新图层界面（图6.56），可搜索和选择已经发布或存在的图层，为选中的图层组添加新的图层。

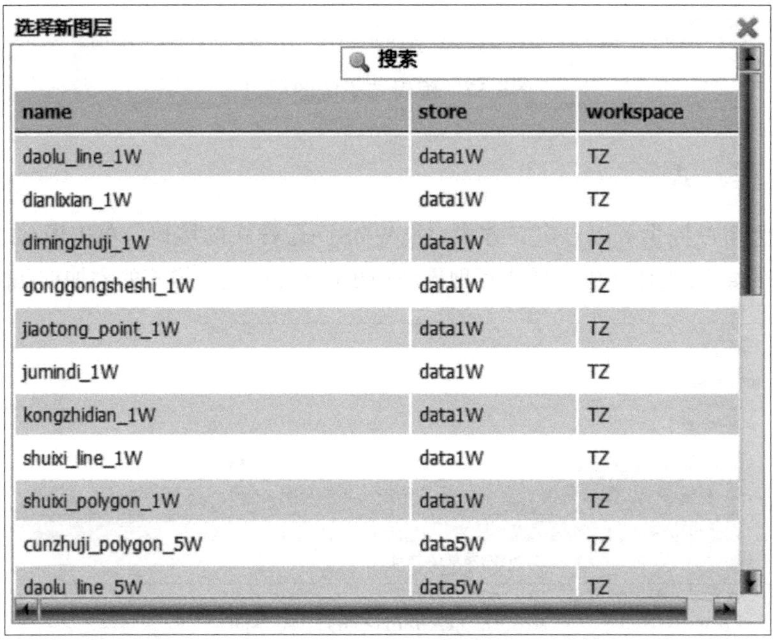

图6.56　选择新图层

用户单击图6.52所示列表中的某个图层组，可浏览和编辑选中的图层组（图6.57），列表默认按照图层修改时间的先后顺序排列。在列表的图层字段上单击一次，列表将以图层名称的字母顺序升序排列，再次单击将以图层名称的字母顺序降序排列。在图6.57中单击“添加图层”，出现图6.56所示界面，在搜索框中输入需要添加到图层组的图层名称，按回车也可以定位目标图层。在目标图层上单击，该图层将被添加到当前图层组内，图层按照添加的先后顺序排列，最先添加的图层排列在最上面，最后添加的图层排列在最下面。用户使用时一般按照点图层、线图层和面图层的顺序排列图层。调节顺序可通过单击列表上的位置按钮实现：表示将当前图层向顶层移动一层，表示将当前图层向底层移动一层。单击按钮将删除目标图层。单击“保存”按钮，图层组则新建完成。

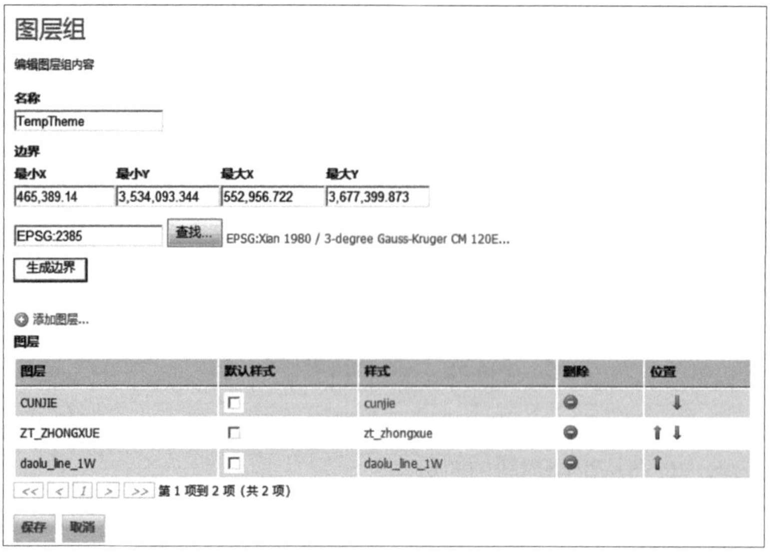

图6.57　编辑选中的图层组

6.4.5　样　式

样式模块为用户提供了以自定义方式渲染WMS图层样式的接口。单击图6.1左侧功能栏数据模块中的“Styles”，工作区进入样式管理界面（图6.58），可进行样式的添加或删除。

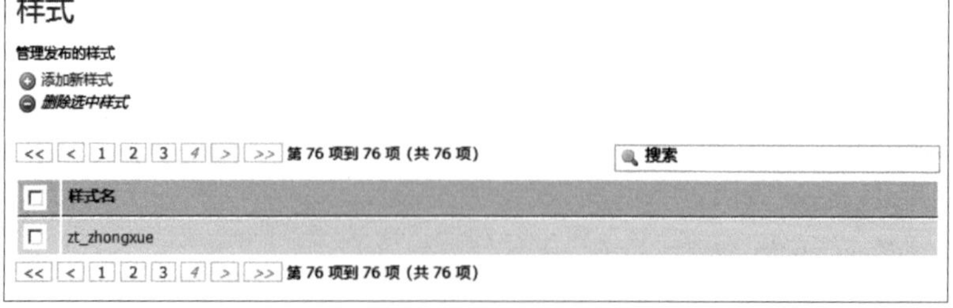

图6.58　GeoServer的样式界面

图6.58中列表会列出当前系统可用的样式名称。样式列表按照样式文件修改时间的先后顺序排列。单击“样式名”字段，列表将按照样式文件名的字母顺序升序排列；再次单击“样式名”字

段，列表将按照样式文件名的字母顺序降序排列。在搜索框中输入样式名称可以快速定位到目标样式。

1. 删除样式

选中图6.58中样式文件的复选框，单击“删除选中样式”，即弹出确认对象删除对话框（图6.59），再单击“确认”按钮，即可删除目标样式。用户可同时选中多个样式文件进行批删除：只需要将待删除的多个样式文件前的复选框选中，再单击“删除选中样式”即可。

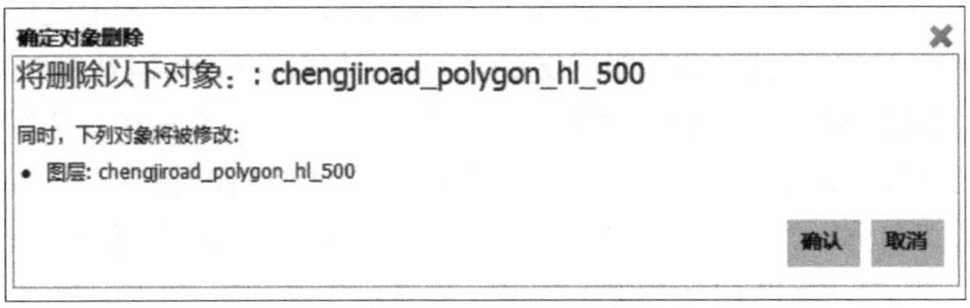

图6.59　删除选中图层样式

2. 添加样式

在图6.58中，单击“添加新样式”，进入新样式设置界面（图6.60），填写信息包括名称、样式复制选择列表、定义新的风格化图层描述器（SLD）文件或查找浏览已有的SLD文件作为模板创建新的SLD文件（图6.61）。

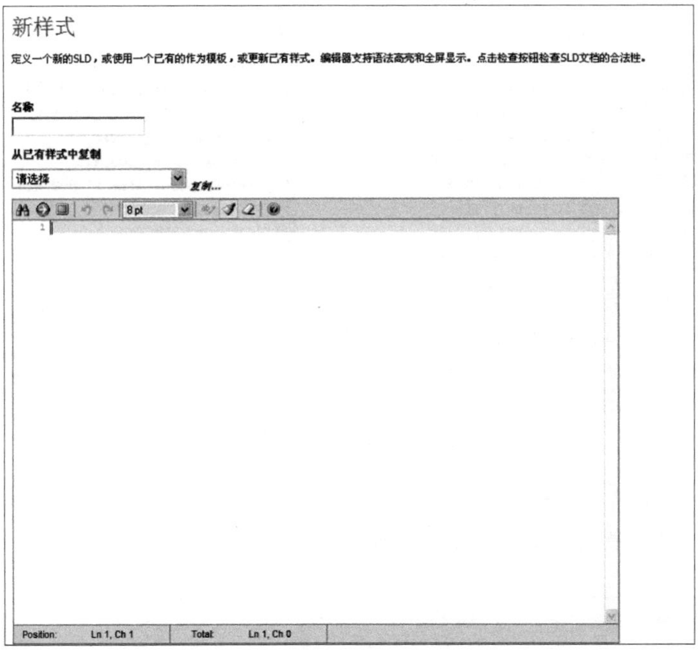

图6.60　新样式设置界面

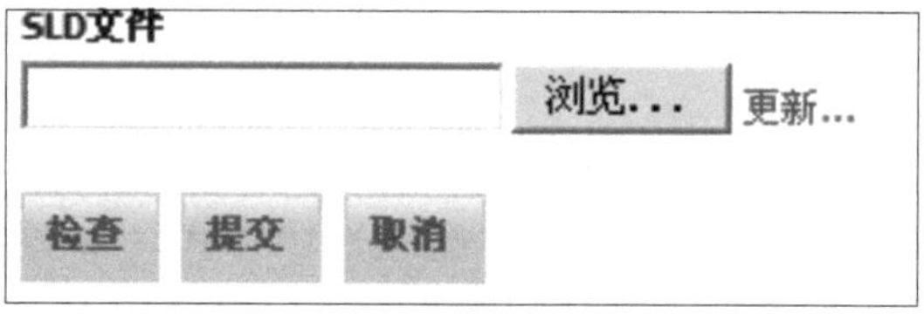

图6.61 浏览已有SLD文件作为模板

添加新样式允许用户定义一个新的SLD文件，或者使用一个已有的SLD文件作为模板生成新的SLD文件，或更新已有的样式。该编辑器支持语法高亮与全屏显示，以及SLD语法的检查。

“名称”参数可确定新样式的名称。“从已有样式中复制”参数允许用户选择一个已有的样式作为模板，复制的已有样式的代码将在编辑框中显示。编辑器支持高亮、查询、复制、粘贴、剪切、设置字体大小、查找和全屏等操作。用户可以手工编辑SLD代码，也可以借助模板定义SLD文件，也可以导入SLD文件：单击图6.61中“浏览”按钮，系统将弹出选择文件对话框（图6.62），选择目标SLD文件，单击“打开”即可添加新的SLD文件。

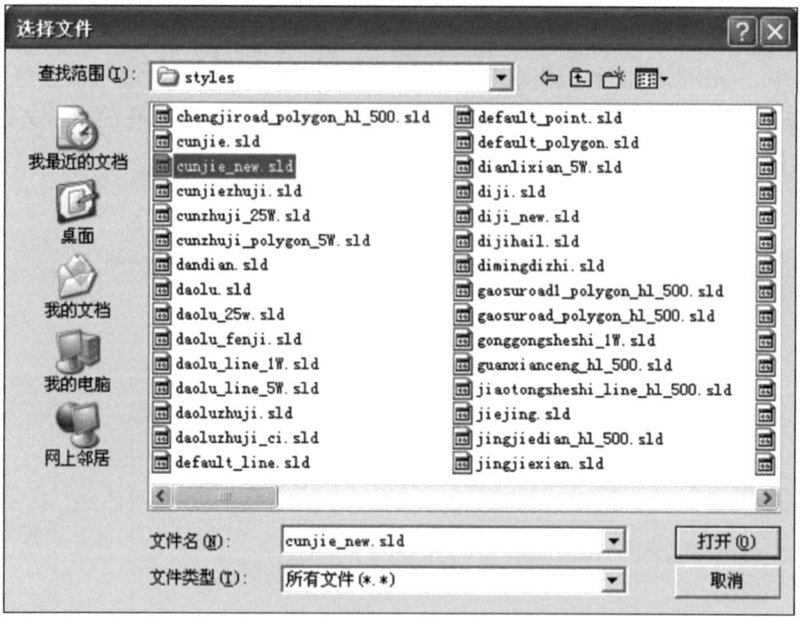

图6.62 导入已有SLD文件

对于编辑好的SLD文件，用户可以单击图6.61中“检查”按钮，检查SLD文件是否有语法错误，如果正确无误，界面最上将出现如图6.63所示的无错误提示信息。

图6.63 无错误提示信息

检查后单击“提交”按钮，完成新样式的定义。对于已有的样式，用户单击样式列表上样式文件，系统将进入样式编辑器，用户可以按照需求自行修改样式代码，完成样式的更新操作。

样式文件手工编写是一个很复杂的工作，uDig是一款开源软件，用户可以使用uDig方便地对地图进行可视化配色，同时方便编辑SLD文件。登录uDig软件，主界面如图6.64所示。

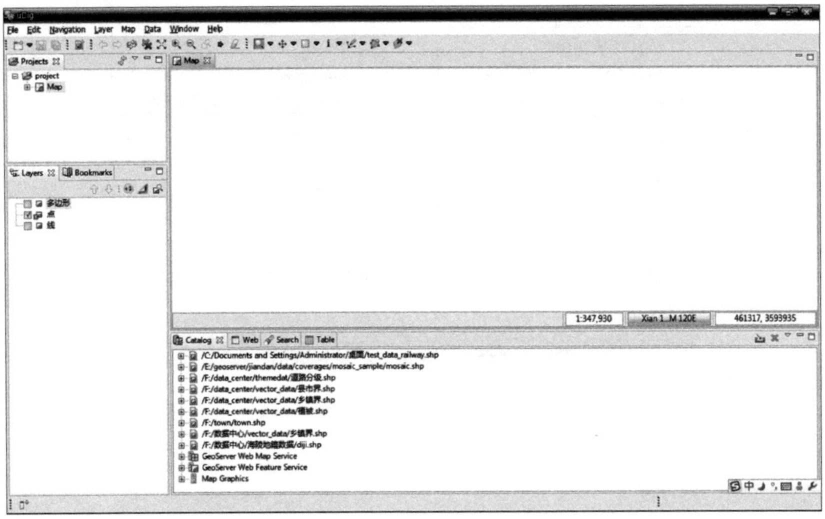

图6.64　uDig主界面

单击“File”菜单“new”菜单下的“New Project”(新建工程)命令，新建一个工程，操作菜单如图6.65所示。弹出的“New Project”对话框如图6.66所示。图6.66中，“Project Name”(工程名称)可设置新工程的名称；“Project Directory”(工程路径)可设置工程的路径，用户可以保持默认值。单击“完成”按钮，新建一个新的工程，如果登录uDig时已经有工程，新建工程这一步可以省略。

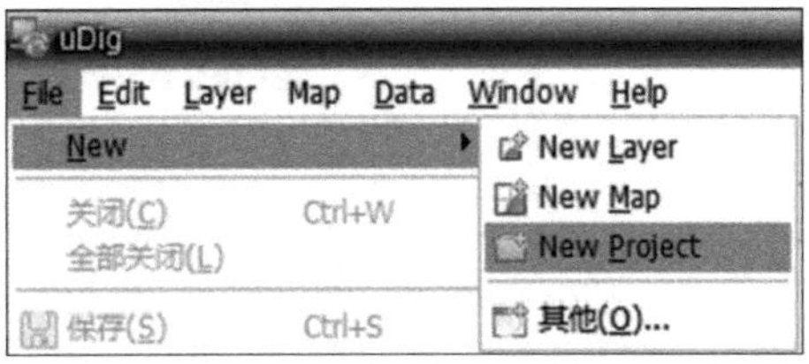

图6.65　在uDig软件中新建一个工程界面

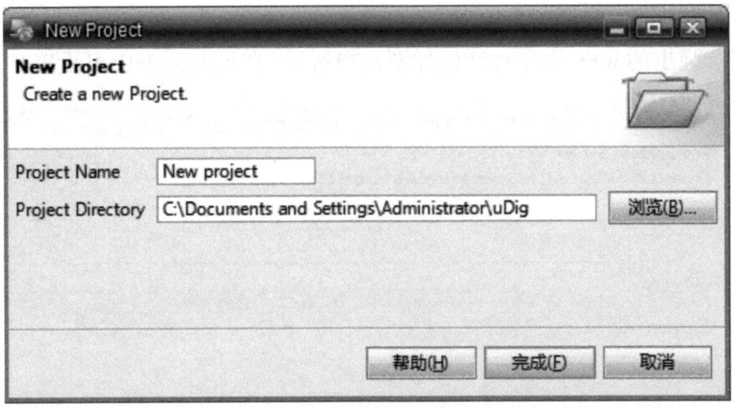

图6.66　新建工程

右键单击主界面左侧边栏(图6.64)“Projects”面板下的“project”，在下拉菜单上选择“New Map”(新建地图)，如图6.67所示。在新建的地图上右键单击，在下拉菜单中选择“Add”(添加)命令(图6.68)，即弹出添加数据选择框(图6.69)，可选择ArcSDE、Files、MySQL、WFS、WMS等多个数据源。

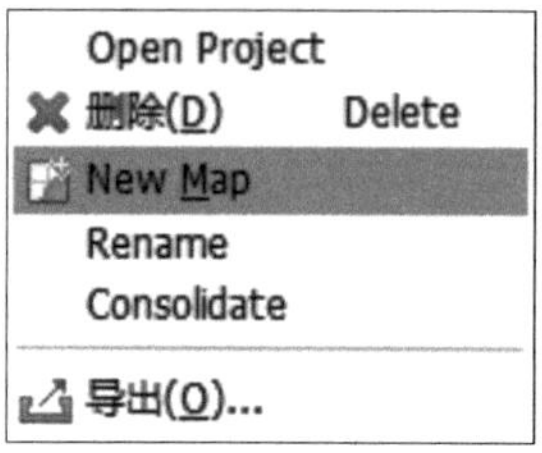

图6.67 新建地图

图6.68 添加新的地图

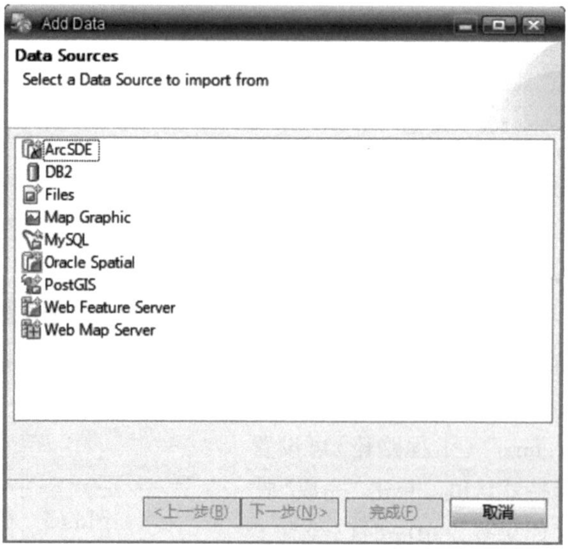

图6.69 选择新的地图的数据源

uDig支持多种数据源，选择图6.69中"Web Feature Server"（网络要素服务）命令，可添加待新建样式的图层。弹出的WFS添加对话框如图6.70所示，在该对话框中可设置URL链接等信息。

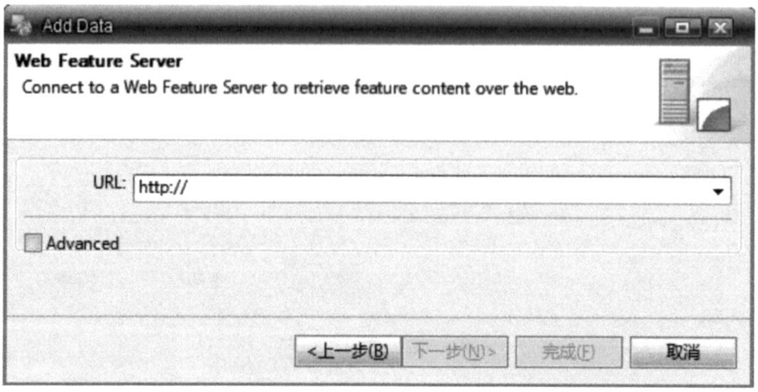

图6.70 "Web Feature Server"命令添加新的图层

利用URL参数可设置WMS的地址，输入正确发布WMS后的URL地址（如http://server:8080/GeoServer/wfs），弹出如图6.71所示的添加数据选择框，可选择链接站点中已有的WFS图层。

在图6.71中选中需要加载的图层前的复选框（支持多选），单击“完成”按钮，相应的图层就被加载到工程中。Layers面板将显示添加的所有图层，在相应的图层上右键单击，弹出如图6.72所示的菜单，可选择为新添加的图层改变样式。

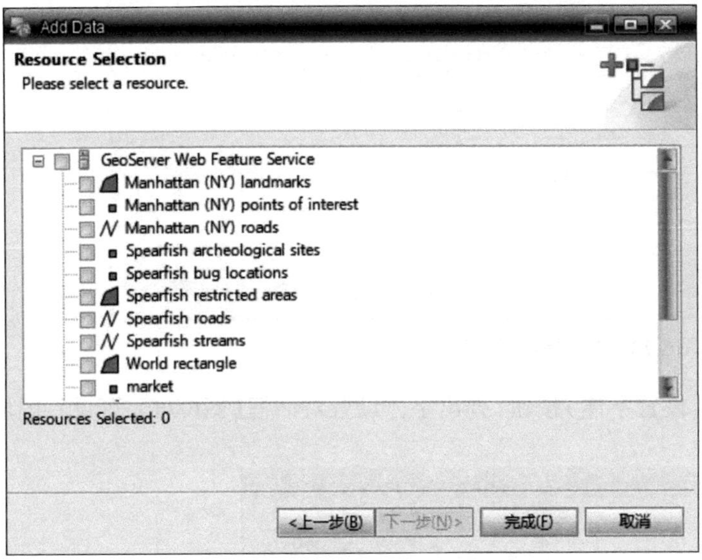

图6.71　选择新添加图层的数据源

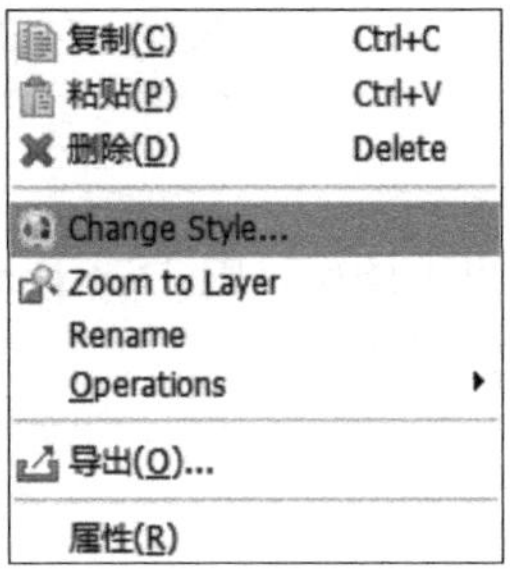

图6.72　为新添加的图层改变样式

选中“Change Style”命令，弹出如图6.73所示的样式编辑器对话框。其中，面板左侧的树列表提供3个命令：Simple、Theme和XML。Simple命令用于设置简单的图形样式，Theme用于设置专题图，XML用于编辑生成的SLD代码。

右侧“Simple”面板中“Mode”（模式）选项用于设定图层的类型，该项为只读选项。“Line”（线）参数用于设置线图层和多边形边界的颜色、线宽与透明度。“Fill”（填充）参数用于设定多边形填充的颜色和透明度。“Marker”（标志）参数用于设置点图层的大小与图形。“Label”（标注）参数用于设置地图标注的样式，可选参数为标注的字段名、字体、标注的位置、标注的旋转角度。

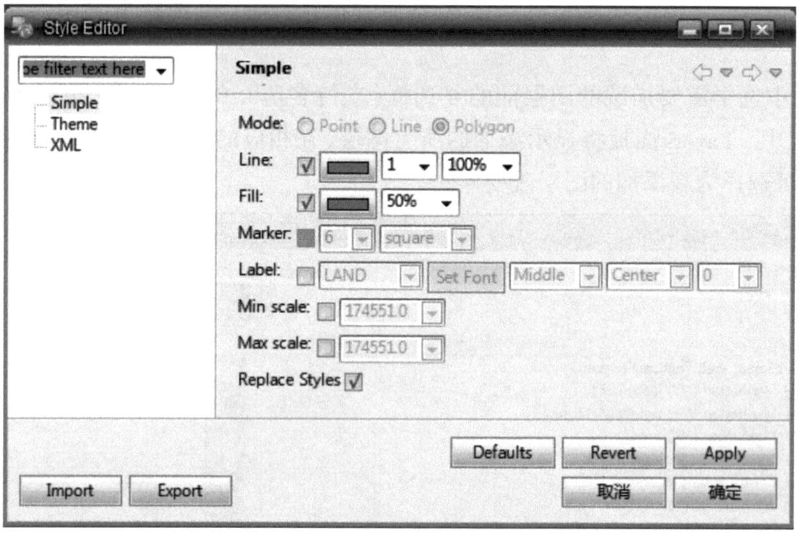

图6.73 样式编辑器（Simple面板）

单击图6.73中“Set Font”（设置字体）按钮，弹出字体设置对话框（图6.74），可设置图层中的字体样式。

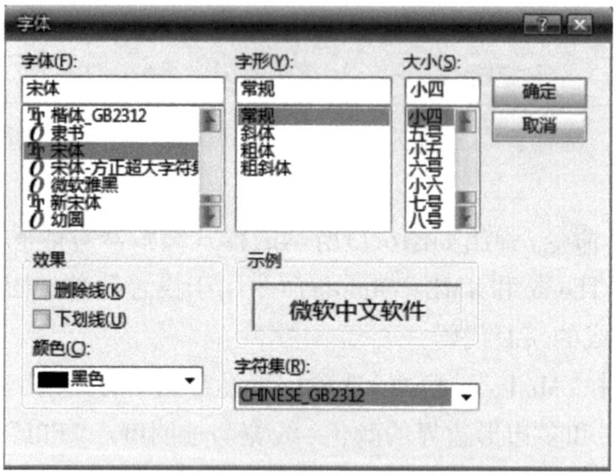

图6.74 图层样式的字体设置

图6.73中“Max scale”（最大比例）与“Min scale”（最小比例）参数用于设置图层显示的最大与最小比例尺（该参数为比例尺的分母值）。“Replace Styles”（样式替换）参数用于设置是否替换原有样式，默认为选中。设置好参数后单击“Apply”按钮，新的样式将运用到地图图层上。

单击图6.73中的“Theme”（主题），设置信息如图6.75所示。

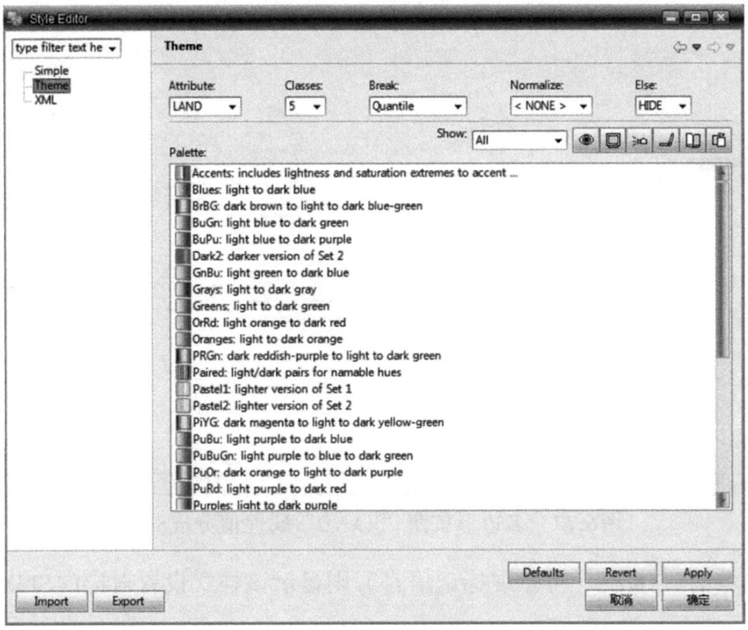

图6.75　样式编辑器（Theme面板）

图6.75中,"Attribute"(属性)参数用于设置专题图分类的参照属性字段名。"Classes"(类别)参数用于设置分类的类别数。"Palette"(调色板)列表列出了当前可选的颜色列表,单击某一颜色方案,则具体设置信息如图6.76所示。

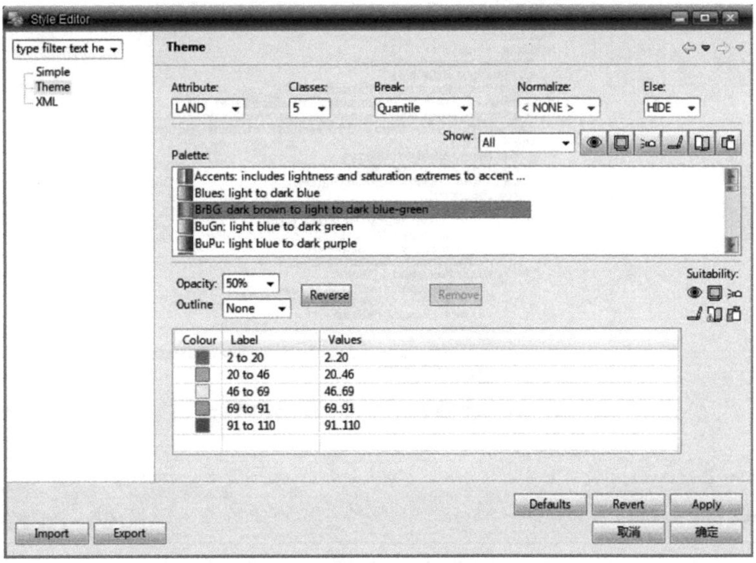

图6.76　Theme面板中的颜色方案设置信息

图6.76中，"Opacity"（不透明度）参数用于设置多边形边界的透明度，"Outline"（轮廓）参数用于设置多边形边界的颜色。单击"Apply"（应用）按钮,多边形将按照"LAND"（陆地）属性值分成5类,效果如图6.77所示。

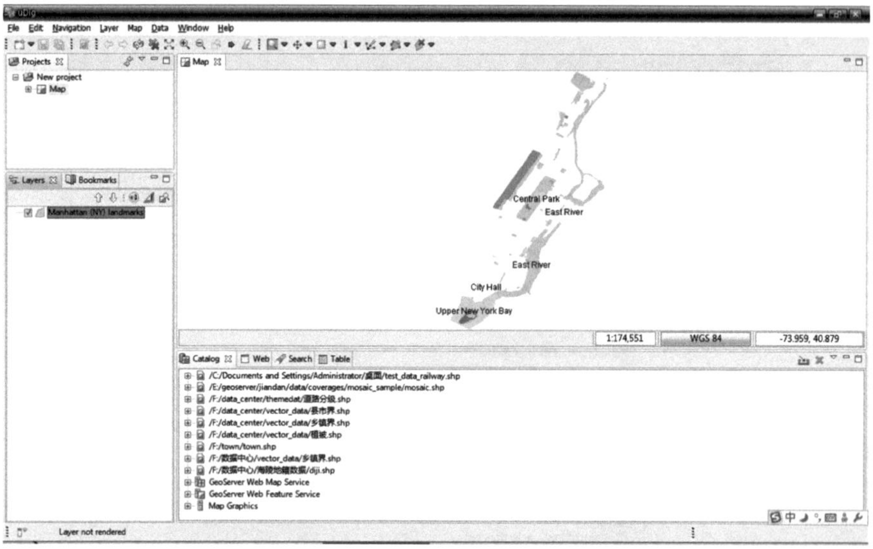

图6.77　多边形按照“LAND”属性值分成5类

单击图6.73中的“XML”(可扩展标记语言),则显示该样式设置对应的SLD文件,如图6.78所示。

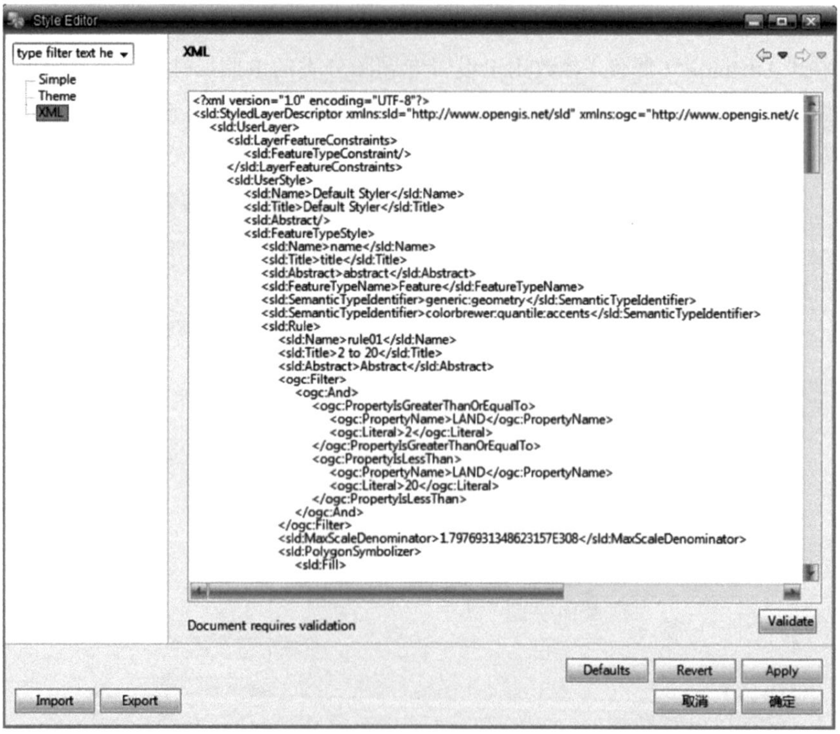

图6.78　样式编辑器(XML面板)

根据需求用户可自行在图6.78中的编辑窗口中进行编辑,编辑完成后单击“Validate”(验证)按钮检验代码是否正确。若正确无误,可将代码复制出来,粘贴在GeoServer的样式编辑窗口中,或者单击“export”(导出)按钮将代码导出为SLD文件,再在GeoServer的样式编辑窗口(图6.60)中导入。

6.5　安全模块

GeoServer提供了安全模块来控制用户的访问，该安全模块是基于角色的，GeoServer创建角色以管理特定的功能操作，如获取WFS、读写特定的图层等。用户是和角色绑定在一起的，以此来控制服务安全访问。

6.5.1　用　户

用户获取服务时是和角色联系在一起的，GeoServer预先定义了“ROLE_ADMINISTRATOR”角色，它提供所有的功能，单击安全模块下的“Users，Groups，Roles”（用户，用户组，角色）（图6.1），界面跳转用户列表界面（图6.79）。

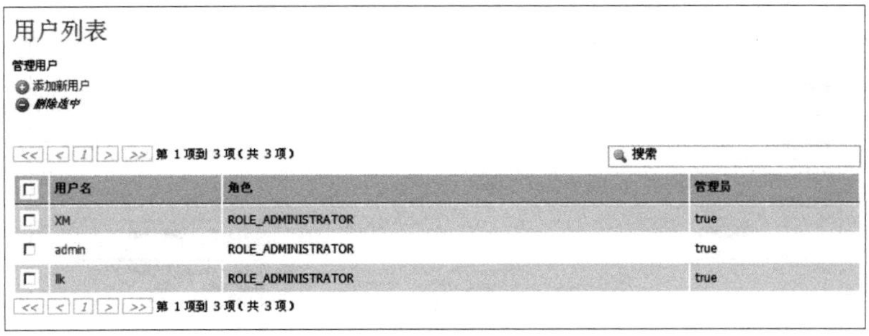

图6.79　GeoServer的用户列表界面

图6.79中用户列表列出了当前所有的用户，列表按照修改时间的先后顺序排列。单击“用户名”列，列表将按照用户名的字母排列顺序升序排列，再次单击将降序排列。“角色”列显示当前用户系统赋予的角色，“管理员”列显示当前用户是否为管理员。当用户很多时，可以在搜索框中输入指定的用户名按回车键直接定位到目标用户。选中用户名前的复选框（支持多选，可批删除多个用户），单击“删除选中”按钮，即可实现删除特定用户的操作。

单击“添加新用户”按钮，界面跳转到新添用户界面（图6.80）。

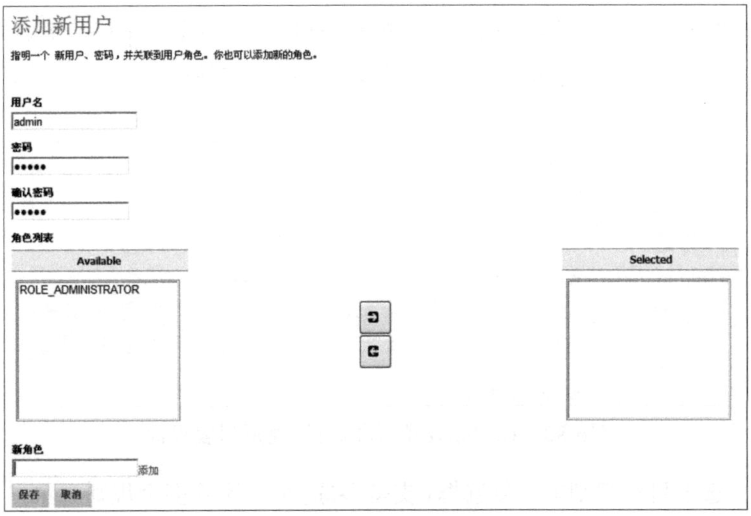

图6.80　添加新的用户

图6.80中“用户名”参数用于确定新添加的用户的名称。“密码”和“确认密码”用于确定密码。“角色列表”用于显示当前可用的角色，当没有用户想要的角色时，可以在“新角色”文本框内输入指定角色，单击“添加”按钮，新定义的角色将在可用的角色列表框中显示。在可用的角色列表框中选中目标角色，单击按钮，选择的角色将添加到右边的已选择角色列表中；在右边的已选择角色列表中选中目标角色，单击按钮，选择的角色将从右边的已选择角色列表中删除。可以同时给目标用户赋予多个角色。单击“保存”按钮完成新用户的定义，将跳转到图6.79的用户列表界面。

单击用户列表上指定的用户名，跳转到编辑用户界面。该界面与添加新用户界面一样，此处不再赘述，界面如图6.81所示。

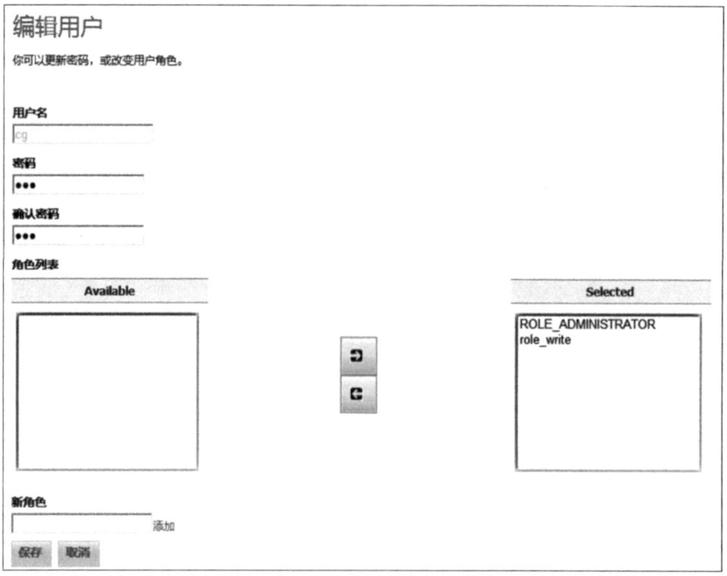

图6.81　编辑新添加用户的信息

6.5.2　数据安全

数据安全模块使用控制读写数据的方法来控制用户权限，单击安全模块下的“Data”（数据）（图6.1），跳转到数据访问规则列表界面（图6.82）。数据访问规则列表列出了当前可用的数据访问规则。

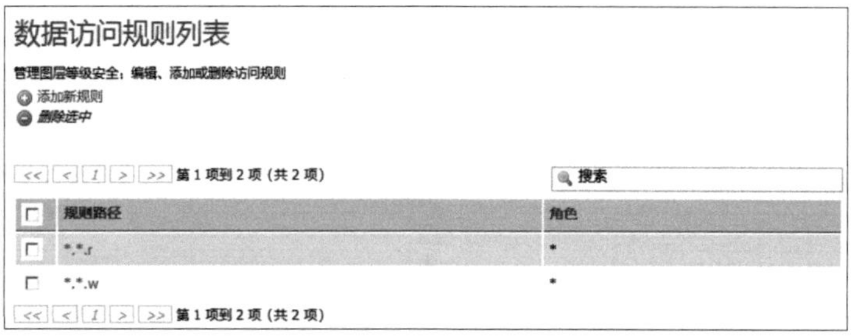

图6.82　GeoServer的数据访问规则列表界面

在图6.82中，选中目标规则前的复选框（支持多选，可批删除多个规则），单击“删除选中”按钮，即可删除指定的规则。单击“添加新规则”按钮，则进入新数据访问规则配置界面（图6.83），新数据访问规则用于配置对数据的访问规则。在图6.83中，“工作空间”参数用于设置添加新规则的图层所隶属的工作空间。“图层”参数用于确定当前工作空间中所有的图层名称。“访问模式”参数用于确定数据的访问权限，有读取和写入两种权限。“角色列表”可显示当前的可用角色，当没有用户想要的角色时，可以在新角色的文本框内输入指定角色，单击“添加”按钮，新定义的角色将在可用的角色列表框中显示。在可用的角色列表框中选中目标角色，单击按钮，选择的角色将添加到右边的已选择角色列表中；在右边的已选择角色列表中选中目标角色，单击按钮，选择的角色将从右边的已选择角色列表中删除。可以同时给目标用户赋予多个角色。单击“保存”按钮完成新数据访问规则的定义，将跳转到数据访问规则列表界面。

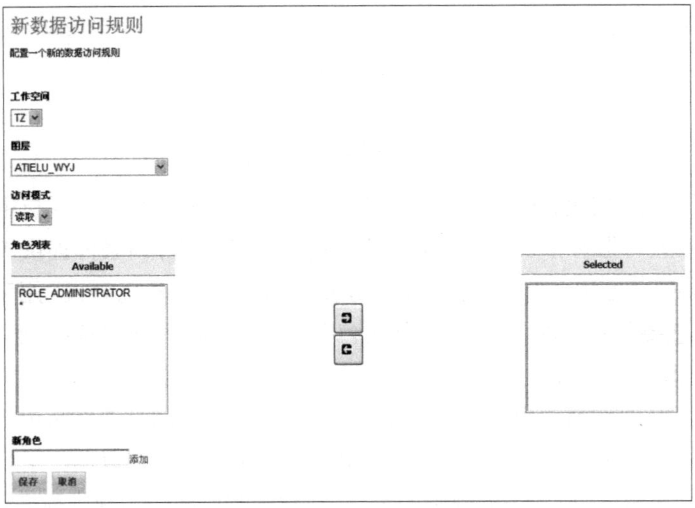

图6.83　配置一个新的数据访问规则

单击图6.82中数据访问规则列表上的指定规则，跳转到编辑已有数据访问规则界面，界面与添加新数据访问规则界面一样，此处不再赘述，如图6.84所示。

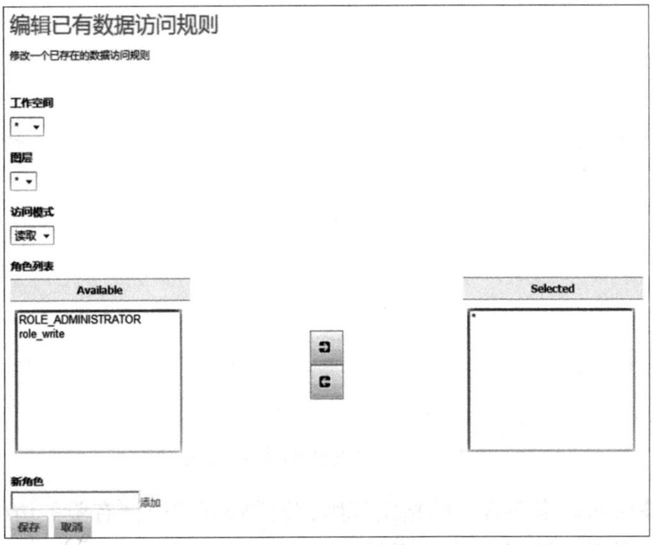

图6.84　编辑已有数据访问规则

6.5.3 服务安全

单击安全模块下的“Service”（服务）（图6.1），进入服务访问规则列表界面（图6.85），服务访问规则列表列出了当前可用的服务访问规则。选中目标规则前的复选框（支持多选，可批删除多个规则），单击“删除选中”按钮即可删除指定的规则。

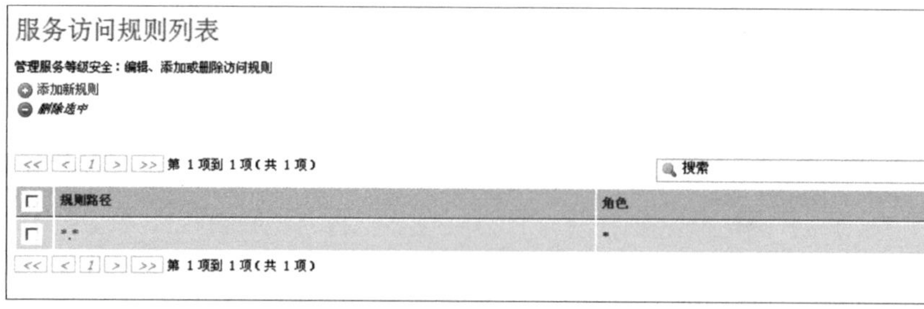

图6.85　GeoServer的服务访问规则列表界面

单击“添加新规则”按钮，进入新服务规则设置界面（图6.86），可设置与定义新的服务访问规则信息。图6.86中，“服务”参数可确定需要定制的服务类型，列表框提供WCS、WMS与WFS三种服务。“method”（方法）参数用于定义服务支持的方法。“角色列表”用于显示当前可用的角色，当没有用户想要的角色时，可以在“新角色”文本框内输入指定角色，然后单击“添加”按钮，新定义的角色将在可用的角色列表框中显示。在可用的角色列表框中选中目标角色，单击按钮，选择的角色将添加到右边的已选择角色列表中；在右边的已选择角色列表中选中目标角色，单击按钮，选择的角色将从右边的已选择角色列表中删除。可以同时给目标用户赋予多个角色。单击“保存”按钮，完成新服务规则的定义，将跳转到服务访问规则列表界面。

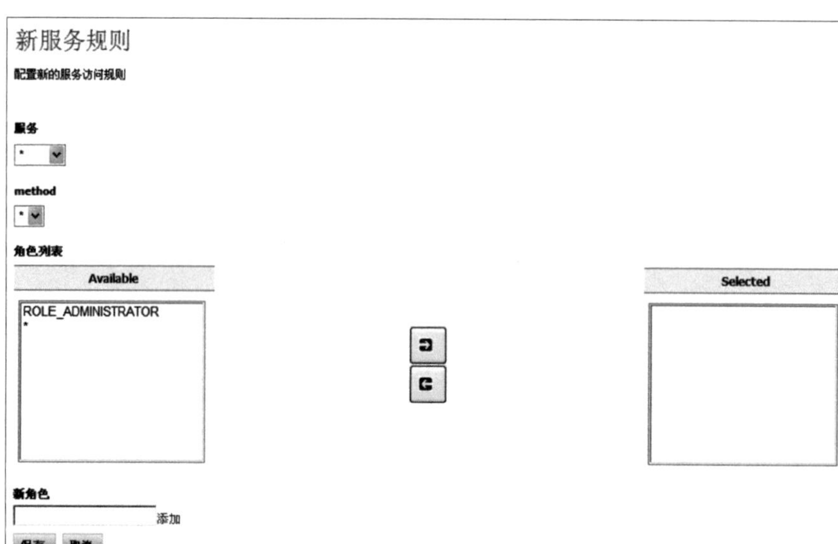

图6.86　配置新的服务规则

单击图6.85服务访问规则列表上的指定规则，将跳转到编辑已有服务访问规则界面，界面与添加新服务访问规则界面一样，此处不再赘述，界面如图6.87所示。

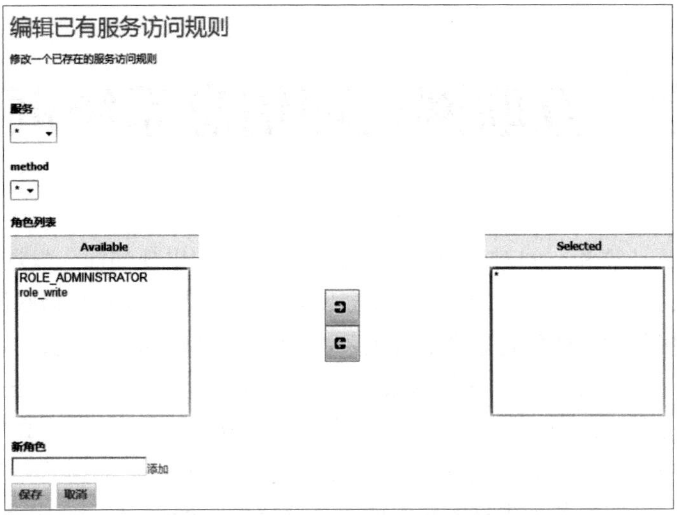

图6.87　编辑已有的服务访问规则

6.5.4　目录安全

单击安全模块下的“settings”[(目录安全)设置](图6.1),界面跳转到图6.88所示的界面,提示有隐藏(默认)、挑战、混合三种目录模式等级可供选择,主要是关于数据图层、能力文档和元数据等可否被用户访问的权限设置,各种目录模式等级的说明在图6.88中均有详细描述,可根据需要选择相应的目录安全模式。

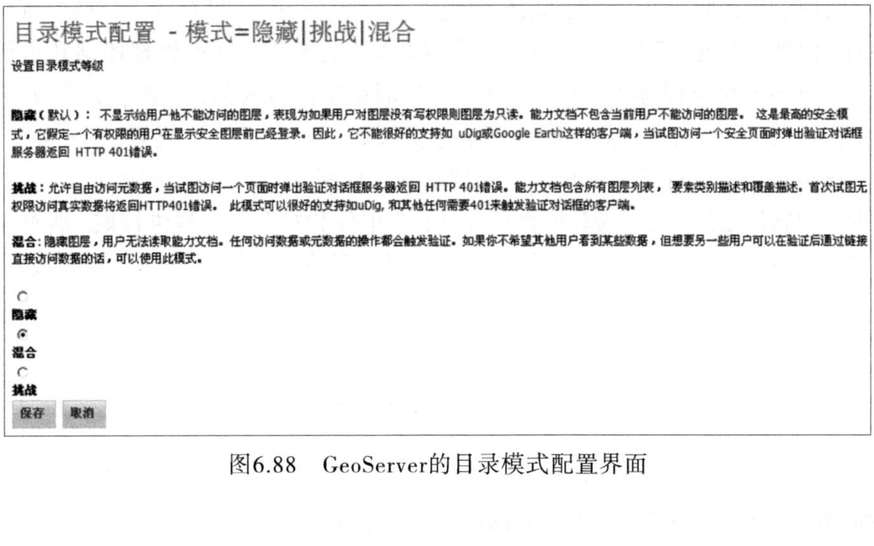

图6.88　GeoServer的目录模式配置界面

第 7 章　互联网地理信息系统框架设计

随着物联网、云计算和空间对地观测技术系统等技术的出现和深入发展，数字城市和智慧城市应用方兴未艾并且已经显现出巨大的社会价值。下一代互联网和物联网等网络和技术的发展，使得建立连接各种各样的传感器和无所不在的“泛在网”成为可能，也为各类数据的交互和信息通信提供了基础设施。以“软件即服务”“计算即服务”和“平台即服务”为主要特征的云计算，能够广泛方便地提供各类高性能的计算分析能力和资源，经济且高效地配置各种接近无限的网络存储空间、信息资源和计算分析能力，为大规模和海量数据的处理应用提供解决方案。空间对地观测技术应用各种先进的航空航天遥感技术、全球定位导航技术和地理信息科学，为各种业务信息系统提供实时或准实时的空间数据，并且随着智能传感器网络、传感器模型语言（sensor model language，SensorML）和传感器观测服务等传感器相关标准服务的推广应用，提供了“空-天-地”一体化的实时空间数据获取和处理解决方案。在此技术发展背景下，互联网地理信息系统正在向满足更高智能化和精细化应用需求的智慧城市发展，并有力地促进了我国地理信息产业生态链的共享和繁荣，逐渐形成新地理信息时代特征下的信息化测绘，使分布式网络环境下的各类资源全面集成共享、按需服务和“一站式”管理成为地理空间信息集成共享和科学应用的新模式。

互联网地理信息系统广泛应用于经济、社会、生活的各方面，可建立支持政府部门之间的，跨部门、跨行业的自然资源和空间地理基础数据共享、交换与更新的管理体制和运行机制，按照相关标准规范和安全支撑体系，统一标准整合区域范围内政府部门、企事业单位和社会公众需要的信息资源。实现省、市、县之间地理信息资源的互联互通体系框架；建成以基础地理信息数据库为框架的分布式自然资源和空间地理基础数据库，以及实现数据发布、共享、交换、服务的网络体系和软件系统体系；为政府部门、企事业单位和社会公众提供权威、准确、现势的自然资源和空间地理信息服务。这也成为当前互联网地理信息系统研究和发展的重要需求和基础支撑。

7.1　互联网地理信息系统框架设计

为了实现多源多尺度海量空间数据的有效集成和互通，以统一的信息处理平台执行异质异构数据的查询、访问、分析和可视化，解决数据格式、结构和处理模型不一致造成的“信息孤岛”、应用系统使用和语义歧义等问题，需要建立多尺度空间数据共享框架，即数字城市地理信息公共平台的框架。数字城市建设推进了地理空间信息在城市生活各方面的应用，为城市经济社会发展提供了地理信息支撑和依据。数字城市建设的关键是建立一个基础地理信息数据库、一个地理信息公共平台和基于其上的一系列行业应用。

在此共享框架下，多尺度空间数据的在线处理方式将能够方便地调用多种类型源数据、跨分布式网络平台和集成语义的空间分析功能操作。同时，多尺度空间数据更新可以充分利用现有最新发展的分布式网络技术、面向服务的体系结构(SOA)、地理本体和开放式地理空间信息联盟(OGC)规范等,解决目前空间数据更新方式中存在的不足,实现有效的增量更新和联动更新。

7.1.1　互联网地理信息系统框架逻辑模型

随着物联网、Web 2.0、高性能云计算及空间对地观测技术的发展,按需服务的新地理信息时代已经到来,面向服务架构的地理信息公共平台可为用户提供互动的沟通服务。利用Web Service技术可对各种空间信息资源进行注册,并提供在线服务,对各种服务资源进行组合,可加工提取更高级的信息,提供更高智能化的服务。当前的地理信息共享存在数据格式多样、空间参考不一、系统重复建设、数据更新不能自动传递到相关的数据部门和分布式应用程序、信息丰富但共享程度不高等问题,需要从面向空间数据的共享向面向空间信息服务的共享集成发展,即选择浏览器/服务器(B/S)的分布式系统架构,研究基于多级异构空间数据库的地理信息公共服务机制。

空间数据资源存在异构性和很强的分布性,因此需要实现数据融合集成的有效方法。基于Web Service的分布式共享,可提高空间数据和处理模型的访问性和重用性,实现分布式网络环境下空间数据和处理模型的互操作。分布式地理资源融合集成是普适地理信息及公共平台的基础和目标,能够实现线性传递链状、共建共享星状和Web2.0网状等空间信息服务模式及应用。多源多尺度多专题空间数据可通过发布为符合OGC互操作规范的网络地图服务(WMS)、网络覆盖服务(WCS)及网络要素服务(WFS),实现网络环境下的跨平台跨浏览器的访问和调用。地理处理功能模型可发布为网络处理服务(WPS),实现“一次开发,重复操作”和跨系统平台集成。面向服务架构的地理信息共享中,分布式异质异构数据资源的互操作、实时在线更新和更新结果共享是重要问题。

传统基于文件复制的共享存在三个问题:①不同数据源、不同语义、不同模型和获取方法的数据共享常常需要数据转换或合并整合处理;②一个数据源的更新不能自动传递到其他相关数据或应用系统;③文件共享方式不能提供基于Web环境的要素级别数据搜索、访问和实时交换。

同时,传统的单机地理信息系统主要是根据已有空间数据和任务需求,建立空间数据库和信息交互格式,定义信息分析处理模式,实现地理处理任务。这样的系统以数据的复制或交换为共享基础,限制了部门应用和信息化建设。而在面向服务的体系结构中,主要包括三种角色:服务提供者、服务代理者和服务请求者。三种角色分别对应服务发布、查找和绑定三种行为。

地理信息公共平台作为一个整体,提供一站式服务,即服务提供者也可以定制和使用服务,服务请求者也可以向平台注册和发布自定义服务。在开放地理信息和互操作方面,OGC已经制订了WMS、WFS、WCS和WPS等标准规范,提供了空间数据向可方便访问和操作的Web Service转换的解决方案,并针对这些标准的地图服务,制订一系列的空间过滤规范和地理处理规范等。

地理空间信息共享框架的逻辑模型如图7.1所示,可将Shapefile结构的空间数据文件、Oracle空间数据库和PostgreSQL数据库等分布式存储的空间数据,通过分布式地理信息系统服务器,发布为符合OGC规范的数据服务和功能服务,实现分布式空间信息的共享和互操作。基于该逻辑模型可扩展地理处理功能,建立各种地理信息应用平台,实现高级的空间信息互操作和在线更新,并实时传递更新结果到分布式应用系统中。

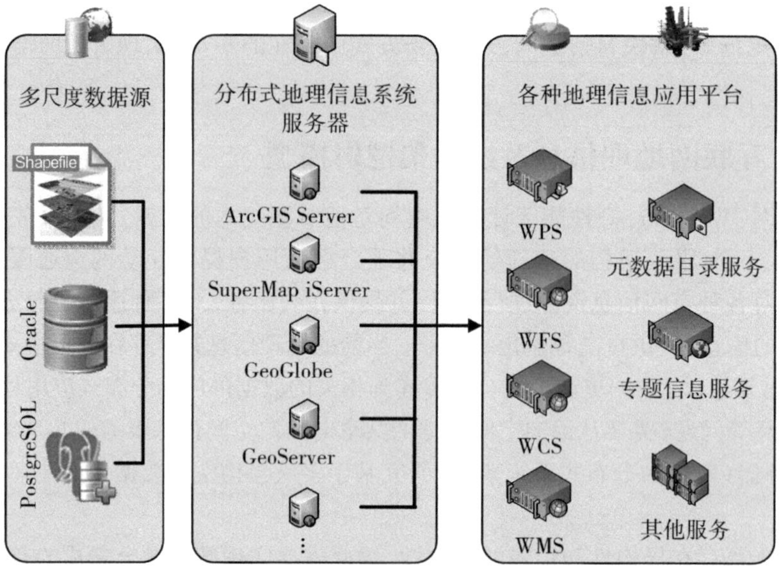

图7.1　地理空间信息共享框架逻辑模型

7.1.2　互联网地理信息系统的系统框架

地理空间框架和地理信息公共平台建设是数字城市建设的重要内容，主要面向空间信息共享与服务，建设统一权威的基础地理信息数据库、地理信息公共服务平台和多专题示范应用，其主要目的就是解决多源数据的集成、信息跨平台和共享等问题。以数字城市地理空间框架建设为例，本书设计了多尺度空间数据共享框架（图7.2），支持多源地理数据和地理空间信息服务，以地理空间信息高层次互操作和系统模块的松耦合搭建，为企事业单位、政府部门和普通公众提供地理空间参考和增值位置服务等互联网地理信息系统应用。

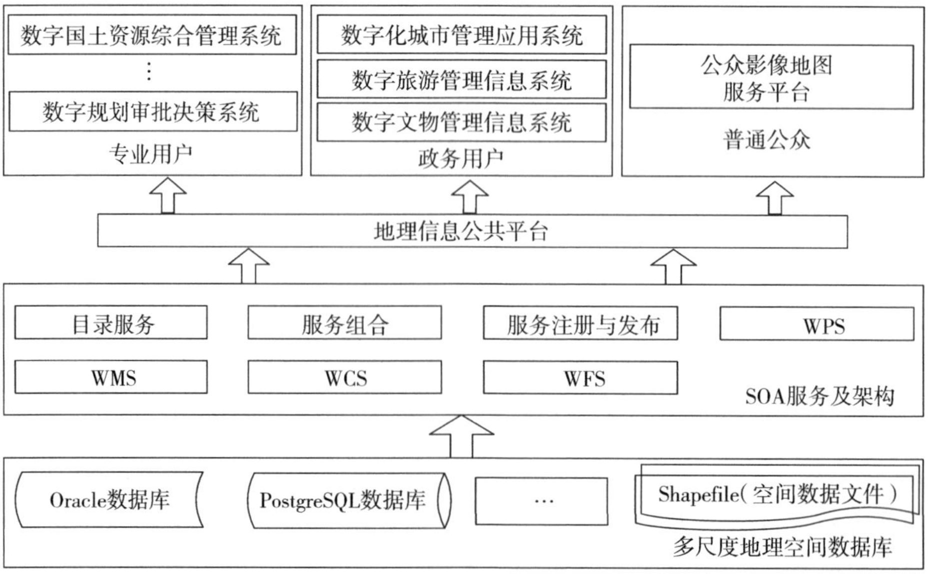

图7.2　多尺度空间数据共享框架

图7.2所示的多尺度空间数据共享框架，从下至上共分为三层：数据基础层、服务层和应用系统层。

最底层为数据基础层，即多尺度地理空间数据库，包括多种物理形式存储的空间数据或数据库，如Oracle或PostgreSQL组织和管理的空间数据库、Shapefile结构的文件数据等，该层一般地理分散或结构多样。数据基础层主要涉及分布式存储的多源异质异构空间数据的加工处理、质量控制、集成融合和建库入库，可形成空间数据组织管理、结构格式、空间参考和质量标准等的统一模式。

中间层是SOA服务及架构，提供空间数据服务注册与发布功能，托管各种由数据基础层的空间数据转换而来的WMS、WCS、WFS等，实现空间数据到空间信息服务的转化，并提供查询和检索这些空间数据服务的目录服务。同时，SOA服务及架构也托管提供各类空间分析和信息处理的WPS，实现Web环境地理信息处理模型的方便共享和重复使用。该层为服务层，统一发布、托管和管理各类空间信息数据服务和地理处理服务。

最上层为应用系统层，主要包括以下应用系统：地理信息公共平台及在其基础上面向专业用户的数字国土资源综合管理系统、数字规划审批决策系统等，面向政务用户的数字化城市管理应用系统、数字旅游管理信息系统和数字文物管理信息系统等，面向普通公众的公众影像地图服务平台（如中国天地图—泰州市级节点）。统一的地理信息公共平台，能够为不同应用需求和级别用户提供所需的地理信息。面向专业用户的应用系统，其数据精度和涉密程度较高，业务结合较紧密；而面向政务用户与普通公众的应用系统，其数据精度和涉密程度降低，应用大众化。

7.2　互联网地理信息系统平台构建

地理信息系统随着计算机信息技术而不断发展，基于网络技术形成了分布式网络处理的互联网地理信息系统，但其系统构建方法不同，数据异质异构，不利于跨平台互操作。在数字城市地理空间框架建设的推动下，空间数据处理分析需求不断增长，地理信息系统发展为开放互操作的地理信息平台，地理信息应用也已深入国土、规划、公安、水利等经济社会领域，并向着更高效灵活和智慧化方向发展。基于SOA的地理信息公共服务平台，在下一代互联网、物联网、云计算和智能对地观测传感器网络等技术快速发展的背景下，将不同应用功能单元的服务以模块化进行排列组合，形成高级空间分析处理服务链，避免传统的数据更新、运行维护和升级改造所带来的重复建设和资源浪费等问题，是当前地理信息公共平台及智慧城市空间基础设施建设的重要研究内容。

空间数据和空间分析模型存在异质异构和语义不一致性等问题，需要提高其互操作和重用性，从而实现分布式地理信息处理应用。OGC的互操作标准WMS、WFS、WCS和WPS标准可方便实现分布式网络环境下的空间信息服务应用。基于SOA和OGC标准，通过研究空间信息服务注册、发现与组合关键技术，可实现地理空间信息链的构建和典型应用。

7.2.1　地理空间信息链原理

地理空间信息链是空间信息服务的序列，在每个服务对中，前一个服务是后一个服务执行的必要条件，且服务链具备服务的再查找、组合和执行能力，不需要管理维护基础数据和服务，即可按需查找和绑定空间信息服务，执行高级复杂的空间分析任务。Web Service技术被引入空间信息领域，结合SOA形成服务地理信息系统：与传统组件化地理信息系统相比，便于网络环境下的数据获取、集成和共享，有利于应用系统快速构建；与原有互联网地理信息系统相比，能够灵活地克服地理处理模型和语义异构等问题。利用地理空间信息链实现分布式空间信息服务的有效利用和自由组合，是地理信息服务化的发展方向。

丰富的数据和功能服务是地理信息链构建的基础，如何发现所需要的服务、将数据和单一功能的原子服务有效组合是研究的重点。OGC总结了空间信息服务的分类体系，提出三种类型的服务链，即透明链，半透明链和不透明链，在前文已有详细探讨。地理空间信息链研究涉及空间信息服务注册与发现，按需定制通用描述、发现与集成（universal description, discovery and integration，UDDI），服务组合和工作流引擎等关键技术，其成果主要集中在空间信息服务目录、基于工作流的服务链流程描述和网络服务业务流程执行语言（business process execution language for Web services，BPEL4WS）的服务链体系结构，可实现地理空间信息链的业务流程定制、管理和执行的自动化。

本书重点探讨多源多尺度地理空间信息链框架结构，如图7.3所示。该框架结构将分布式服务动态组合按需集成，以完成特定任务，并基于数字城市地理信息共享服务平台来验证地理空间信息链的应用。

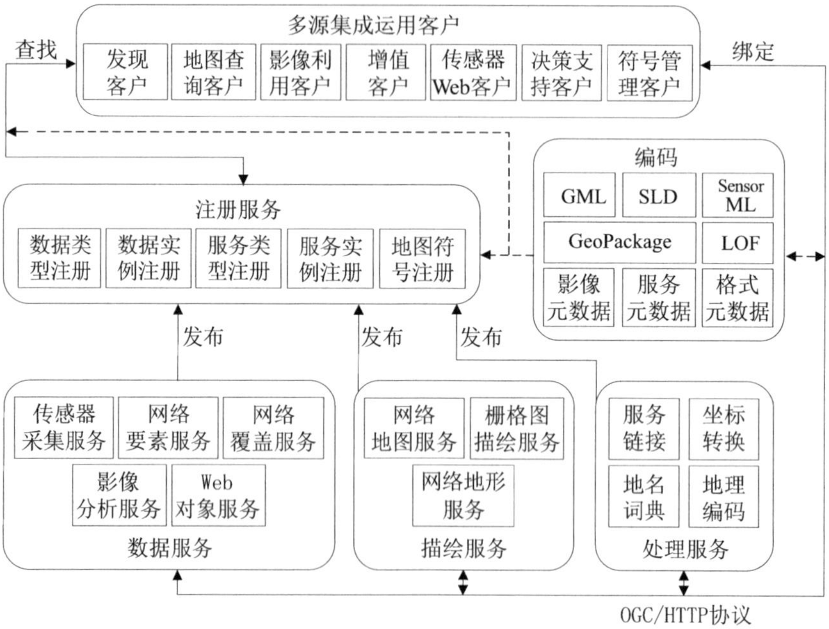

图7.3 地理空间信息链框架结构

7.2.2 空间信息服务注册与发现

空间信息服务的注册与发现机制主要是方便查找和发现服务的，即从分布式网络环境下庞杂的服务中，集中、高效、准确地发现所需服务。空间信息服务注册是将空间数据和处理功能的服务元数据注册到UDDI，一般采用两种方式：一种是建立私有服务目录注册中心，另一种是采用UDDI注册中心。前者是建立OGC注册中心，以相对复杂的空间信息服务为描述对象，多采用专用的通信协议和接口，与通用注册中心兼容性差，会阻碍信息互操作；后者是基于XML和HTTP

存储空间数据和空间信息服务，采用基于ebXML（电子商务扩展标记语言）的注册信息模型，针对空间信息服务定制注册内容，能更好地满足空间信息领域的独特要求。因此，需要兼顾两者来设计空间信息服务注册中心，结合私有服务目录注册中心和UDDI的优势，在标准网络通信与请求协议的基础上充分体现空间信息服务的领域特征。

空间信息服务注册中心以服务元数据为注册信息，支持在线发布、发现和绑定，实现结构如图7.4所示。注册中心目录服务器存储服务元数据，提供服务的发现和管理功能，以实现检索和注册接口。采用UDDI扩展数据结构和服务访问，可增强功能，实现空间信息服务私有和通用的注册中心的统一，主要有两种实现方法：①将空间信息服务注册到OGC注册中心，私有注册中心作为UDDI的节点添加到通用注册中心，通过OGC中规定的访问协议发现和调用空间信息服务；②将OGC私有的空间信息服务注册到UDDI，用户直接通过UDDI查询和访问已注册的空间信息服务或非空间信息服务。

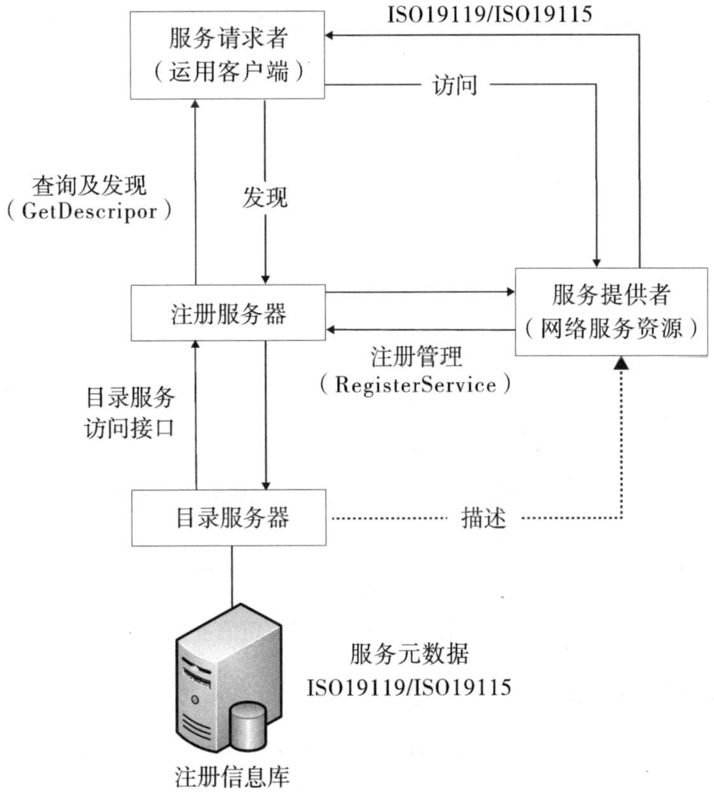

图7.4　OGC服务注册实现结构

7.2.3　按需扩展定制描述UDDI

现有的UDDI提供了三种核心的分类标识系统：北美工业分类系统、通用标准产品和服务产品、地理区域分类法。UDDI虽增加了地理位置分类法和网络地理分类法，但仅针对区域进行划分，不能体现空间信息服务的特征，存在查全率和查准率较低的问题。使用地理区域分类法对UDDI进行按需扩展定制描述，可实现数据服务和地理处理服务的自动分类。

私有和通用注册中心具有相同结构的服务注册和发现方法，其实质是将空间信息服务元数据发布到私有注册中心，需要考虑与数据紧密耦合和与数据松散耦合的服务（图7.5），前者不仅要注册服务本身的元数据，还需要与之相关数据的元数据。按需扩展、定制、实现服务注册和发现的工作流程为：① 服务提供者将分类信息发布注册到目录中心，并注册其校验服务；② 使用空间信息服务分类方法对服务进行分类；③ 服务使用者查找服务，目录中心发现并调用空间信息服务分类法进行校验。如果成功，服务实体包含的分类信息则标记为已校验，同时返回空间信息服务结果集合。

根据具体数据服务和应用特点，空间数据有按类型和按比例尺分类的方法，结合ISO和OGC对空间信息服务的分类，则空间信息服务可分为描绘服务、注册服务、数据服务和处理服务四大类，对每一种分类法进行设计，定义其名称、层次结构和分类编码规则，存储为XML文档，供目录中心调用。分析ISO和OGC对空间信息服务的分类，可发现前者是从信息的角度划分的，后者则是从具体应用角度划分的。本书综合参考两者的优势，建立的分类编码规则具体如下：采用三位阿拉伯数字表示空间信息服务的一层，子类节点的编码在父类基础上进行扩展。例如，处理服务在第一层的第三位，其编码为003，空间分析服务在父类空间处理服务下的第三位，则其编码为003003。

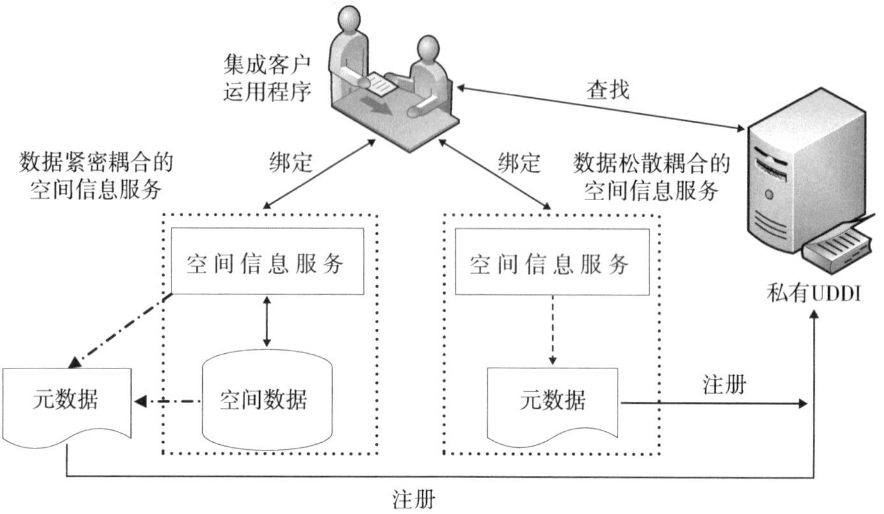

图7.5 空间信息服务注册与发现的框架结构

7.2.4 空间信息服务组合方法

空间信息服务组合是将若干个功能互补的空间数据和处理模型服务按一定顺序排列组合，协同完成复杂的空间分析任务，常结合工作流技术进行管理。工作流是能够自动或半自动地完成执行处理过程，对空间信息服务而言，工作流即根据一系列过程规则、文档或任务定义传递信息与执行地理处理，获取所需要的结果。

空间信息服务工作流管理空间信息和非空间信息及其处理过程，由执行任务的活动及其处理的数据构成，其逻辑关系构成空间处理过程的控制流，前一活动的输出流作为后一活动的输入流。业务流程执行语言（BPEL）为基于XML的描述业务流程和交互的编程语言，流程中的每一活动由Web Service具体实现，包括两种类型的业务流程：可执行流程，定义了内部具体任务和相应处理接口，整个流程能够被引擎执行；抽象流程，详细定义了公共的信息交换方法，但没有内部具体细节，不能被引擎直接执行。

工作流参考模型对具体的业务流程进行抽象化表示，定义工作流交互的构成接口，包括流程定义工具、工作流引擎、工作流执行服务、调用应用程序、客户端应用和监控管理工具。空间信息服务工作流建模将具体的业务流程进行形式化表示，由过程、活动和子过程三个实体组成，并应用组成、先序、集成和引用等描述流程过程之间的关系。佩特里网(Petri net)是由表示状态及状态变化的元素组成的网状信息流模型，工作流网根据佩特里网性质，定义顺序、并行、选择和循环四种过程逻辑，同时定义与分叉、与合并、或分叉和或合并四种构造模块。其中，与分叉、与合并表示并行过程逻辑，或分叉、或合并表示选择过程逻辑。

以空间信息服务为节点，基于工作流参考模型定义服务之间的逻辑关系，形成地理空间信息服务链的顺序、并行、选择和循环四类逻辑结构，其示意如图7.6所示。执行详细过程如下：① 顺序结构，由按照前后顺序执行的过程组成；② 并行结构，由同时并发执行的分支过程组成，由与分叉和与合并组成；③ 选择结构，彼此过程之间具有相互排斥关系，并添加约束条件以从中选择一个或多个过程执行，由或分叉和或合并组成；④ 循环结构，某一个过程变迁在给定的条件下可反复执行多次，直到满足条件。

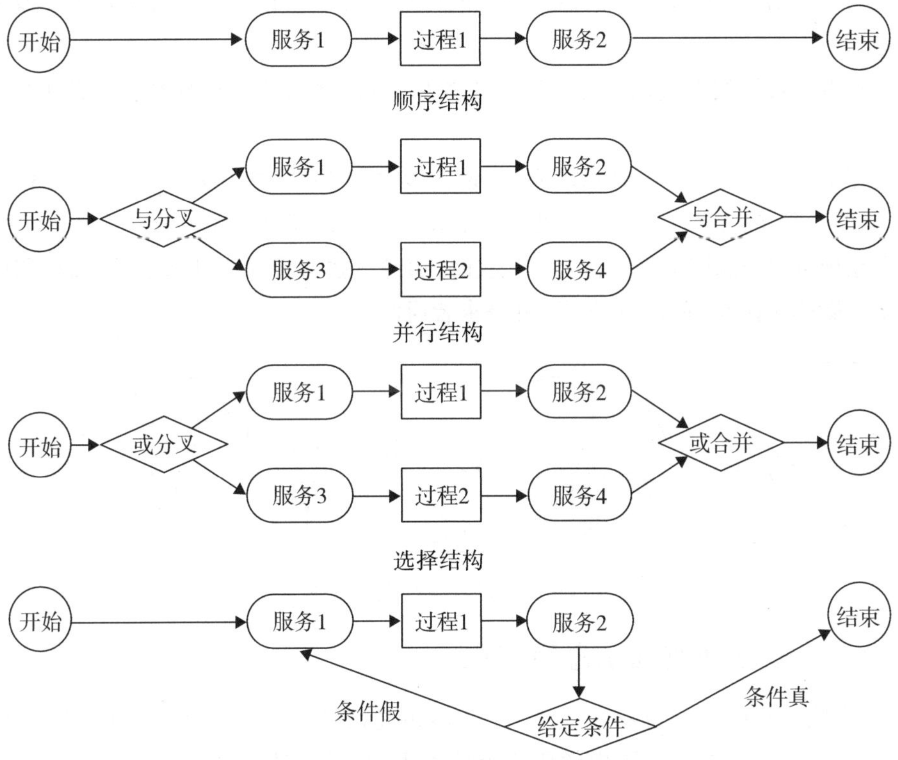

图7.6　地理空间信息服务链的逻辑结构

7.3　地理空间信息链典型应用实现

7.3.1　地理空间信息链参考模型

地理空间信息链将多个可用的单位服务按照一定的流程规则，组合形成功能复杂且可执行的服务，按需满足信息和知识请求，实现空间信息服务增值。应用工作流参考模型管理地理空间信息链，可实现空间信息服务工作流的建模、组合、发布、执行和监控，结合SOA和工作流参考模型，对地理空间信息链参考模型进行改进设计。地理空间信息链参考模型主要由以下五部分组成：① 服务链引擎，负责流程实例的生成和执行；② 服务链请求者，调用服务链的客户端及应用程序；③ 服务链定义，负责生成服务链的业务流程；④ 服务链管理和监控，负责监控整个服务链生命周期中流程的执行情况；⑤ 空间信息服务，为服务链提供数据和处理功能。

地理空间信息链参考模型为空间信息服务的相互组合提供了模型支持。此处以城市建设铁路规划分析应用为例，该实例的目的是实现城市某区土地资源管理的铁路规划拆迁分析，需要使用高分辨率航摄影像、基础地形图、规划红线、土地利用规划图、叠置分析、缓冲区分析、分级统计等数据和信息模型。在实际中，这些数据资源和计算模型分别由不同业务部门组织和管理，且数据格式、结构、算法和工具等存在不一致性，常难以满足方便快捷、重复和跨平台辅助进行科学决策的需要。针对该实例构建的地理空间信息服务链如图7.7所示，服务链的定义与具体使用过程如下。

（1）按照顺序结构、并行结构、选择结构和循环结构，并依据任务需求组合形成地理空间信息服务链。

（2）请求者通过网络在线调用各类数据资源和空间分析工具，向地理空间信息链引擎提交请求。

（3）地理空间信息链引擎接受请求后，实例化步骤（1）定义的业务流程：访问WMS、WCS数据和WPS地理处理方法，逻辑执行并将处理的结果（需要的地理要素和专题信息）返回客户端。

（4）在地理空间信息链引擎执行工作流程时，服务链执行管理工具则记录、监控和反馈执行过程信息，并及时与地理空间信息链引擎和请求者通信。

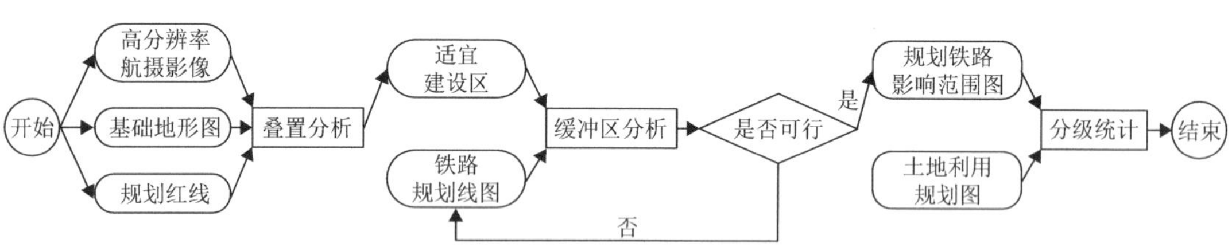

图7.7 城市建设铁路规划分析服务链

7.3.2 典型地理空间信息链实现

根据上述地理空间信息链参考模型，结合城市建设铁路规划分析典型应用，搜索位于城市某区的规划铁路沿线50 m范围内的所有土地利用和建筑房屋数据，并统计分析拆迁结果信息。实现过程如下：先在地图上通过点选、框选或缓冲区查询方法获取地理要素；再应用WFS的GetFeature接口中的getFeatureIntersects方法，将获取的要素和行政区做相交查询，获取城区结果数据。

具体的，调用Intersection服务将获取的城区多边形要素和铁路图层数据做相交查询，获取某区内的铁路线。调用Buffer服务做某区内铁路线的50m范围缓冲区获取，获取规划铁路影响范围A。再调用Intersection服务将范围A和该区居民地数据做相交查询，获取落入铁路50 m范围内的房屋数据，作为拆迁分析结果。调用Intersection服务将范围A和该区土地利用数据层做相交查询，获取落入铁路50 m范围内的土地数据，对结果土地数据按照地块类型进行统计输出，作为征地分析结果。规划铁路影响范围A和检索出的待拆迁房屋分析结果如图7.8所示，需要拆迁的房屋即图中相交区域。拆迁分析服务链分析出的待征收土地分类及其面积统计结果如图7.9所示，地理空间信息链分析可一步执行，使多种结果一目了然。

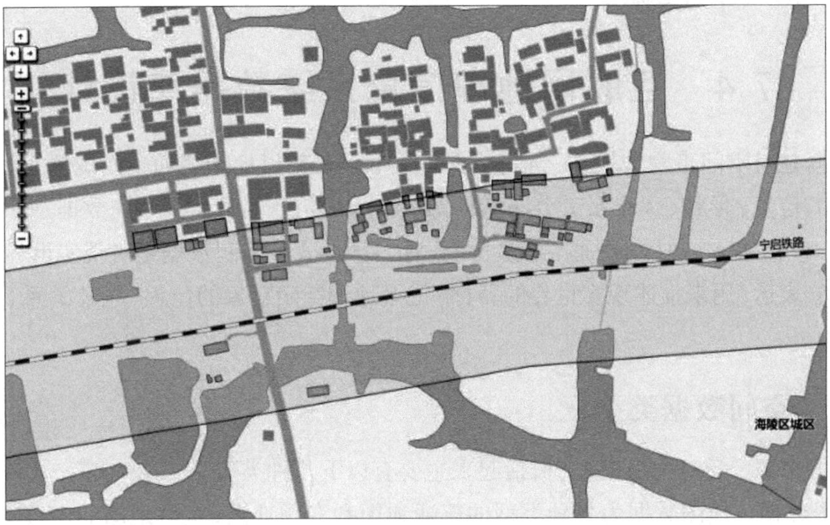

图7.8　待拆迁房屋分析结果

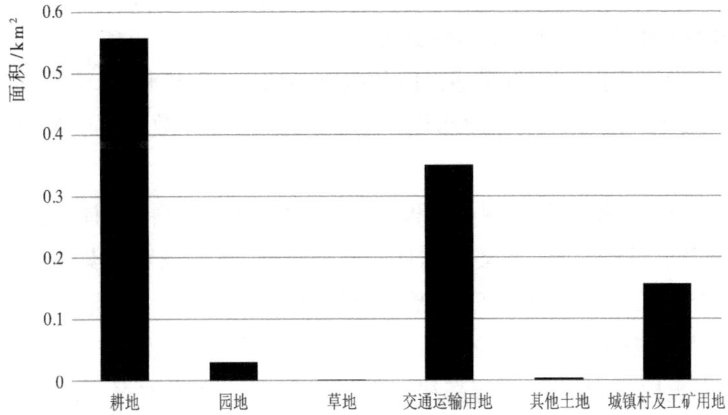

图7.9　待征收土地分类及其面积统计结果

面向服务的体系架构为地理信息系统的数据共享和功能共享提供了新的体系架构和概念模式。面向服务的体系架构将各类网络资源以服务规范形式发布，提供标准调用接口，实现业务逻辑和执行过程的分离。针对空间信息服务，借鉴SOA思想，将网络数据和地理处理模型作为原子服务进行统一注册、发布和调用，并基于工作流参考模型设计了空间信息服务组合的逻辑结构。实际应用时，网络中存在大量相互独立的地理信息服务，如何有效地检索和编排所需服务并反馈结果仍需要深入研究。

SOA为地理空间信息链提供了架构的支持，Web Service技术为地理空间信息链提供了具体的实现技术，OGC的各种服务规范提供了地理空间信息链的规范依据，工作流引擎提供了地理空间信息链的流程定义和控制。本节以地理空间信息链的构建与应用为研究内容，着重探讨了地理空间信息链的原理及其关键技术，对空间信息共享和增值服务进行了有益尝试，设计了地理空间信息链参考模型，并应用典型案例进行实践验证。地理空间信息链是分布式网络环境下地理信息发展的新趋势，是数字城市和智慧城市建设的重要支撑，可实现空间信息的按需服务和主动推送。利用地理空间信息链，构建开放互操作的地理信息基础设施，可为地理信息的网络化、普适化、服务化应用打下坚实基础。

7.4 互联网地理信息系统数据库设计

空间数据是对空间事物的描述，空间数据实质上就是指以地球表面空间位置为参照，用来描述空间实体的位置、形状、大小及其分布特征等诸多方面信息的数据。空间数据是一种带有空间坐标的数据，包括文字、数字、图形、影像、声音等多种形式。空间数据是对现实世界中空间特征和过程的抽象表达，用来描述现实世界的目标，记录地理空间对象的位置、拓扑关系、几何特征和时间特征。

7.4.1 空间数据类型

空间数据来源广泛且类型繁多，概括起来主要有以下几种类型。

（1）地图数据。地图数据为各种类型的普通地图和专题地图，这些地图的内容丰富，而且图上目标物间的空间关系比较直观，很容易区分。实测地形图还有很高的精度。

（2）地形数据。地形数据为地形等高线图的数字化，包括已建立的数字高程模型（digital elevation model，DEM）和其他实测的地形数据等。

（3）影像数据。影像数据主要为遥感影像和航空影像，包括多平台、多层面、多种传感器、多时相、多光谱、多角度和多分辨率的遥感影像数据，构成多源海量数据，同时也是地理信息系统最有效的数据源之一。

（4）属性数据。属性数据为各类调查报告、实测数据、文献资料、解译信息等。

空间数据根据表示对象的不同，又具体分为七种类型，它们表示的具体内容如下：①类型数据，如考古地点、道路线、土壤类型的分布等；②面域数据，如随机多边形的中心点、行政区域界线、行政单元等；③网络数据，如道路交点、街道、街区等；④样本数据，如气象站、航线、野外样方分布区等；⑤曲面数据，如高程点、等高线、等值区域等；⑥文本数据，如地名、河流名称、区域名称等；⑦符号数据，如点状符号、线状符号和面状符号（晕线）等。

7.4.2 空间数据表示方法

地理空间数据以点要素、线要素、面要素来表示它们的位置、形状、大小等状态信息。点要素用坐标（X，Y）来表示，并且对应一个以上的属性信息，点要素为地图几何基本单位且不能再分。线要素是把具有相同或者相似属性的一些点的轨迹用坐标序列表示出来，如道路、边界线、地物轮廓线都可以用线要素表示，线上的各点之间最少有一个公共属性，线要素包含连接两个节点的多个弧段。面要素一般是由线要素包围得到的区域，其边界闭合线可由具有相同属性信息的点用系列坐标来表示。

7.4.3　空间数据库的概念设计

空间数据库是指在关系型数据库内部对地理信息进行物理存储，并允许多用户访问数据库，多个用户可以同时读写同一个共享的数据库。空间数据库技术主要解决空间数据与应用程序间的连接访问问题，更具体地说，空间数据库技术解决的是空间数据在关系型数据库中的存取问题，其主要特征如下。

1. 综合抽象特征

空间数据描述的是现实世界中的地物和地貌特征，由于其非常复杂，必须经过抽象处理，来应对不同的数据库，空间数据的抽象性还体现在人为的数据取舍。在不同的抽象中，地物表示可能有不同的语义。例如，河流既可以被抽象为水系要素，也可以被抽象为行政边界，如省界、县界等。

2. 非结构化特征

在当前通用的关系数据库管理系统中，数据记录一般是结构化的，即它满足关系数据模型的第一要求，也就是说每一条记录是定长的，数据项表达的只可能是原始数据，不可以嵌套记录，而空间数据则不能满足这种结构化要求。若将一条记录表达成一个空间对象，它的数据项可能变长。例如，1条弧段的坐标，由于其长度是不可限定的，它可能是两对坐标，可能是10万对坐标。此外，1个对象可能包含另外的1个或者多个对象，如1个多边形可能含有多条弧段。

3. 分类编码特征

一般而言，每一个空间对象都有一个分类编码，而这种分类编码往往属于国家标准或者行业标准或者地区标准。每一种地物的类型在某个地理信息系统中的属性项个数是相同的，因此在许多情况下，一种地物类型对应一个属性数据表文件。

4. 复杂性与多样性

空间数据来源广、数据量大，有时还存在类型不一样、数据噪声大的问题。在选取挖掘的样本数据时，合理而准确的抽样是至关重要的：样本大不但降低了抽样效率，而且增加了后续工作的复杂性；样本小则又存在样本不具有代表性、准确性不高的问题。因此需要有效的抽样技术，来解决大型数据库中的抽样问题。

7.4.4　空间数据库设计过程

空间数据库的设计是一件相当复杂的任务，为有效地完成这一任务，特别需要一些合适的技术，同时还要将这些设计技术正确地组织起来，构成一个有序的设计过程。

设计技术和设计过程是有区别的。设计技术是指数据库设计者所使用的设计工具，其中包括各种算法、文本化方法、用户组织的图形表示方法，以及各种转化规则、数据库定义方法及其编程技术。而设计过程则确定了这些技术的使用顺序。例如，在一个规范的设计过程中，设计人员要用图形来表示用户数据，再使用转换规则生成数据库结构，而后用某些确定的算法优化这一结构，这些工作完成后就可以进行数据库的定义工作和程序开发工作。按照规范化的设计方法设计空间数据库，一般分为需求分析、概念设计、逻辑设计、物理设计、数据库实现、数据库运行和维护六个阶段。

空间数据库的建立是一项费时间、费人力、成本高的工作，通常会耗费开发人员大量的精力。一般要经过资料准备、预处理、数据采集、数据处理和数据库建库等阶段，以扫描图件的数字建库为例，其具体流程如图7.10所示。

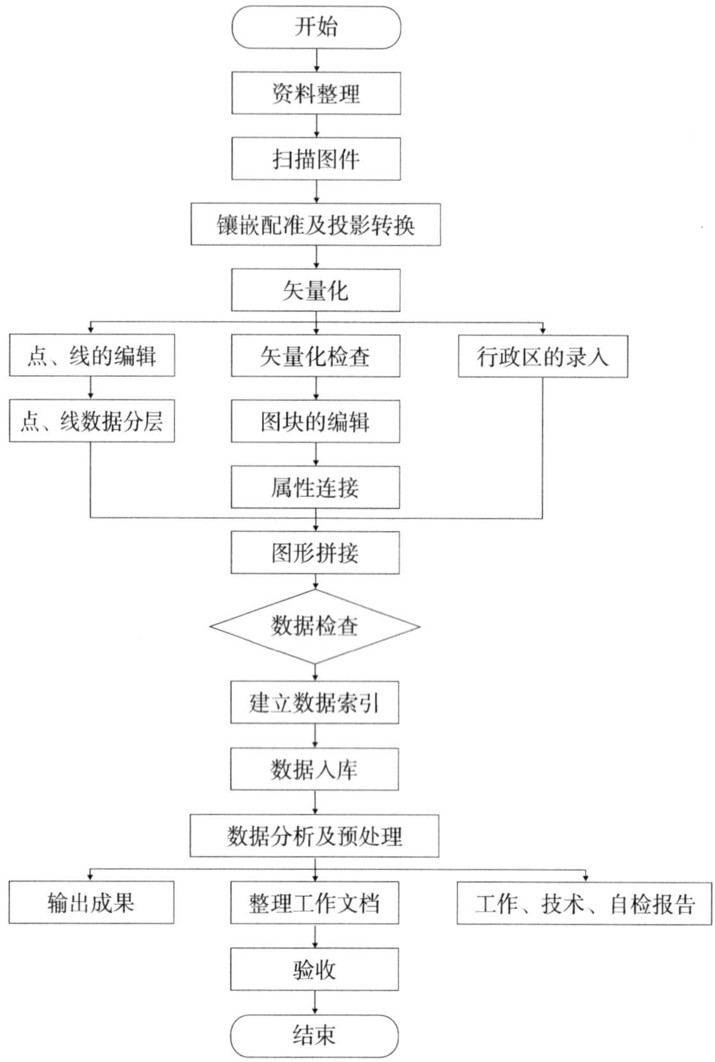

图7.10 空间数据库设计和建库流程

7.5 互联网地理信息系统数据集成应用

结合实际情况，互联网地理信息系统数据集成主要以网络设施和计算存储设施为支撑，以自然资源和空间地理信息为基础，综合采用现代计算机技术、通信技术、地理信息系统技术、数据集成技术等，以共建共享的管理模式，实现在线共享各种自然资源、空间地理信息数据和服务。采用统一的管理架构，将多类型、多时相、多分辨率的自然资源和空间地理信息与电子政务信息有机地组织起来，实现海量信息的高效管理与持续更新，并在信息共享机制和政策法规的框架下，实现各个部门之间便捷、高效、安全的数据交换和共享服务。数据集成应与电子政务系统相衔接，相互之间可进行业务协同处理。总体体系架构如图7.11所示，各部分的说明情况如下。

（1）基础设施层。自然资源和空间地理信息依托电子政务外网，建立由一个主数据中心节点和多个分数据中心节点组成的、互连互通的基础网络硬件体系，并通过政务外网的互联平台，向政务外网用户和社会公众用户提供空间信息服务。

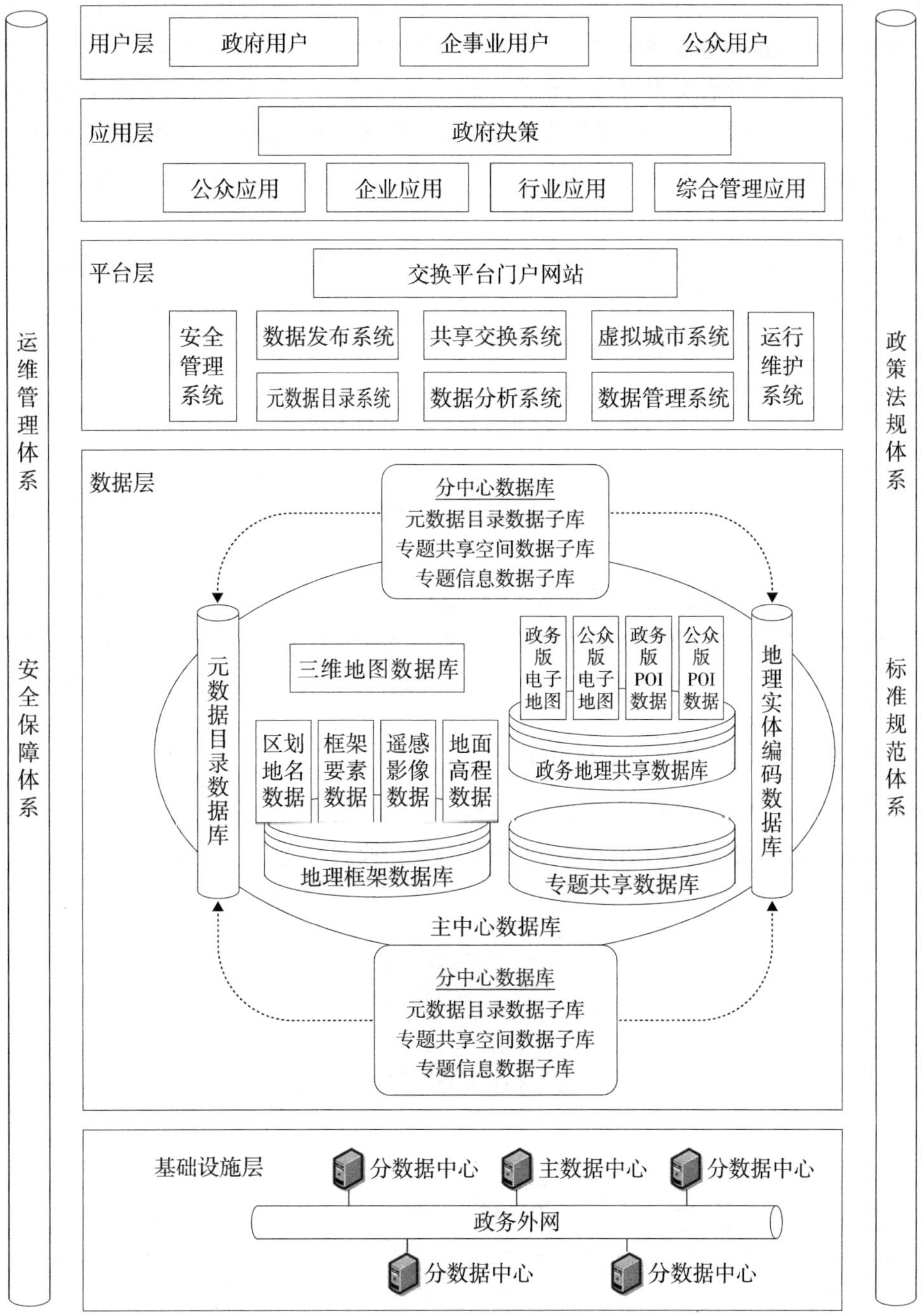

图7.11　数据集成总体体系架构

（2）数据层。自然资源和空间地理基础数据库按照统一的时空框架、统一的信息分类编码体系、统一的数据交换平台、统一的信息资源目录体系、统一的面向对象数据组织等五个统一的要求，采用现代管理方法和手段，对数据进行标准化、规范化整合，建立一个主中心数据库和多个行业分中心数据库。主中心数据库包括地理框架数据库、政务地理共享数据库、专题共享数据库、三维地图数据库、元数据目录数据库、地理实体编码数据库等。其中，地理框架数据库包括区划地名、框架要素、遥感影像和地面高程等数据，政务地理共享数据库包括政务版电子地图、公众版电子地图、政务版关注点(POI)数据、公众版关注点数据等,专题共享数据库包括自然资源综合信息、资源环境遥感动态监测信息、自然灾害监测预警、突发事件应急反应综合信息、城市规划信息、重大基础设施等各类专题综合信息。分中心数据库除元数据目录数据子库和专题共享空间数据子库外,还包括下属业务部门或专题信息分库及子库,如城市规划信息分库与子库、土地与矿产信息分库与子库、水利信息分库与子库、环保信息分库与子库、海洋与渔业信息分库与子库等。

(3)平台层。平台层主要为交换平台门户网站,是一个连接主中心信息库、各分中心信息子库的分布式空间信息共享支撑系统,它主要在分布式及多源异构的数据资源环境下提供数据汇聚、数据发现、数据访问和数据服务等功能,为各类用户和应用系统提供广泛有效的空间数据共享和交换服务。

(4)应用层和用户层。主要基于自然资源和空间地理信息数据库提供的功能服务和数据服务的用户群体,包括公众用户、企事业用户、政府用户。主要应用包括公众应用、企业应用、行业应用及综合管理应用,形成面向政府领导决策的应用体系。通过平台服务模式满足各类用户对自然资源和空间地理信息的需求。

(5)保障体系。主要包括运维管理体系、政策法规体系、标准规范体系、安全保障体系等四大部分。保障体系是自然资源和空间地理信息数据库建设及信息共享在政策层面上的重要支撑,建立、健全与自然资源和空间地理信息数据库相关的政策法规、管理制度是建设的基本内容。

7.5.1 空间数据集中与分布模式

自然资源和空间地理基础数据库的空间数据交换共享的整合,可采用物理集中与逻辑集中相结合的模式(图7.12)。此模式可有效弥补完全物理集中模式与完全逻辑集中模式的缺点,不同模式的对比分析如表7.1所示。

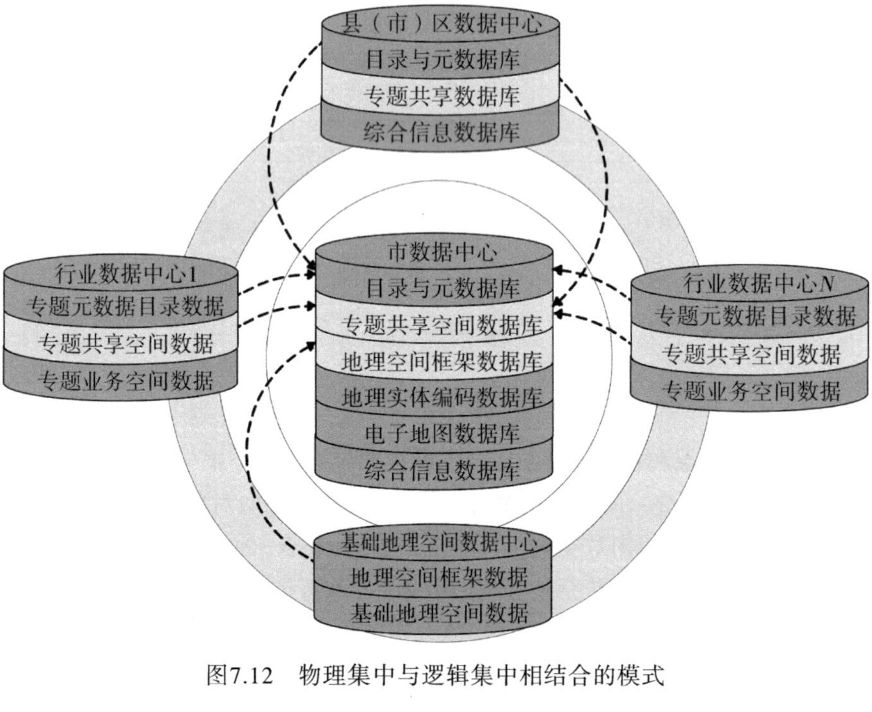

图7.12 物理集中与逻辑集中相结合的模式

表7.1　空间数据分布模式比较

数据整合模式	优点	缺点
完全物理集中	将所有数据全部物理集中到主数据中，由数据中心统一存储、管理、服务，数据冗余小，访问效率高	实施起来比较复杂，投资大、时间长，数据整合难度大，更新困难，对于传统的C/S或B/S架构的应用系统，很难实施完全整合方案
完全逻辑集中	将数据完全分布地存放于各行业数据中心中；主数据中心仅存放目录与元数据库；实施简单，不需要集中投资，见效快	对各行业数据中心的要求较高，同时由于各行业数据中心的数据库仍然是自我封闭的，数据结构不透明，无法满足深层次上的资源共享与交换
物理集中与逻辑集中相结合	既避免了物理集中模式庞大的工程量，也解决了逻辑集中模式数据资源无法深层次共享的问题	对主数据中心有较高要求，需要建立覆盖各行业的交换标准规范

主数据中心的地理空间信息资源不仅来自测绘部门。测绘部门形成的地理空间框架数据由测绘部门负责生产、更新、维护。来自其他非测绘部门的地理空间信息资源，有些是部门专属的专题业务空间数据，一般不提供给其他行业或部门使用，而另外一部分专题共享空间数据，则在电子政务协同中作为基础、公用的重要支撑数据。针对不同类别的地理空间信息资源，分别采用不同的整合模式，如图7.13所示。

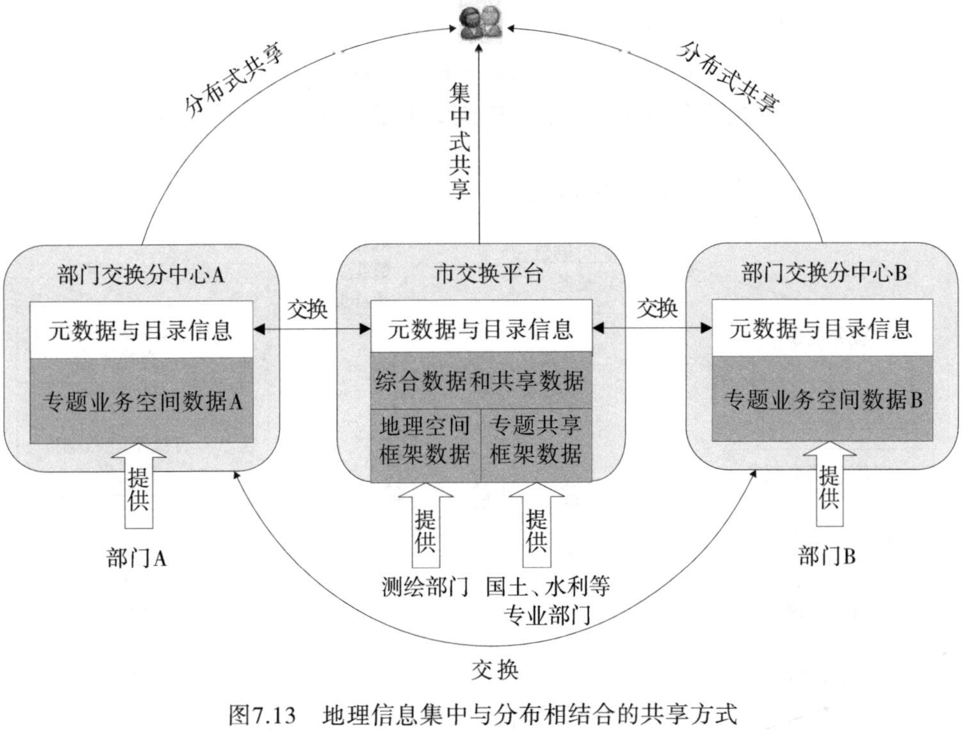

图7.13　地理信息集中与分布相结合的共享方式

1. 集中式共享

主数据中心对地理空间框架数据、专题共享空间数据、综合信息库、电子地图数据、三维景观数据等进行集中维护。由于政府部门、企事业单位和社会公众对上述数据的使用非常频繁，同时这类数据具有数据量大、联动更新范围广、更新成本高的特点,因此需要在主数据中心对其进行集中管理。各部门按照数据更新周期定期与主数据中心交换专题共享空间数据,交换平台依据统一的技术标准对这些地理信息数据进行集中整合,以FTP、XML Web或Web Service方式发布框架数据,为政府部门、企事业单位和社会公众提供地理空间信息服务。

2. 分布式共享

对于各部门各行业专属的专题业务空间数据,互联网地理信息系统平台允许通过元数据和目录信息共享的方式实现分布式共享,其原理为:各部门各行业的交换节点向市交换平台交换元数据与目录信息;市互联网地理信息系统平台通过元数据管理和目录信息管理组件将其整合到元数据和目录数据库中,并以统一界面向外部节点提供元数据服务和目录服务。在这种方式下,市互联网地理信息系统平台并不拥有部门和行业专属的专题地理信息资源,而是通过元数据和目录服务作为“广告牌”,将用户引导到地理信息资源的发布源,从而实现分布式的地理空间信息服务。

市互联网地理信息系统平台中,基础地理空间信息主要由市级、县级分中心进行维护和更新。与行业专属专题地理信息一样,市级、县级分中心通过发布元数据和目录信息实现基础地理信息的分布式共享。

7.5.2 多级共享交换模式

自然资源和空间地理信息互联网地理信息系统平台是一个以多源异构地理信息交换、整合、共享为核心业务的复杂系统,涉及多个行业和多个不同级别部门。在进行互联网地理信息系统平台总体框架设计时,既要考虑到地理信息的数据来源、分布情况、数据内容、数据量、数据质量、更新频率等因素,也要综合各部门业务应用的现状和未来需求。因此,项目建设时应充分参考国家级和省级建设经验,提出适合的自然资源、空间地理信息交换和共享的总体框架(图7.14)。

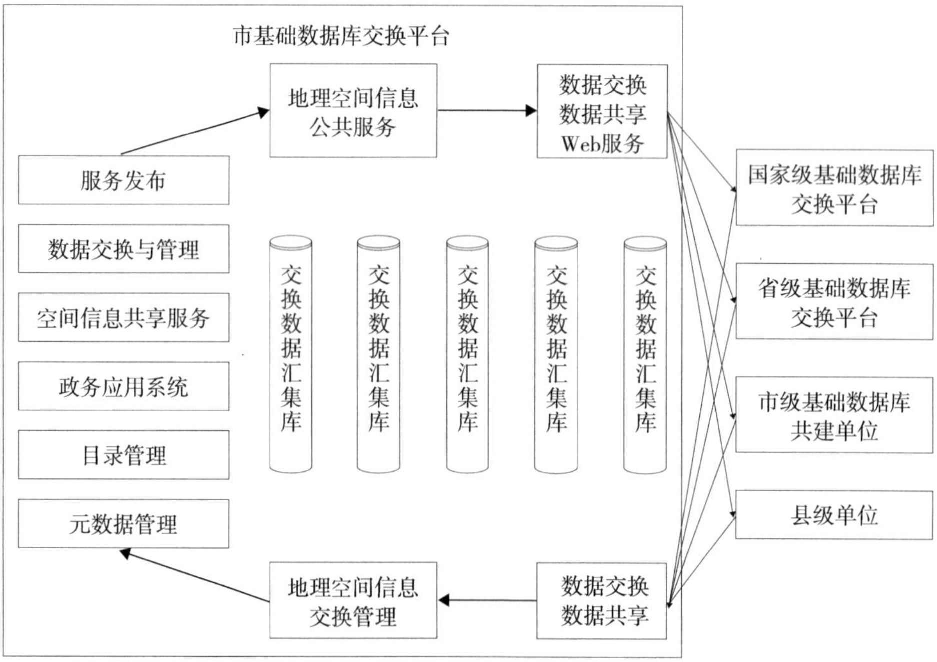

图7.14 交换共享模式

互联网地理信息系统平台支持与共建单位的“横向”信息交换与共享，通过交换平台在统一的标准体系下实现交换节点向市交换平台的数据汇集和服务的对外发布，形成一个跨部门、同步更新的空间信息共享交换体系和服务平台，有效消除信息孤岛。

同时，市互联网地理信息系统平台还支持贯通国家、省、县级别的“纵向”地理空间信息交换与共享。平台向上与省级、国家级交换平台建立空间信息共享与交换通道，实现数据的同步更新，为上级单位提供更为详细的数据支持；向下向县级单位提供信息交换通道和信息服务，为系统提供关于市各级单位更为详细和完备的数据支持。

7.5.3　数据资源体系建设

政务地理空间共享数据库是自然资源和空间地理基础库的重要组成部分，是平台对外服务的基础。通过收集整理、加工整合市各类政务地理空间信息资源，规划、建立一个统一的政务地理空间共享数据库，实现政务电子地图数据、标准地址数据、元数据等的集中管理，为共享交换服务平台对外服务提供数据支撑。

建设内容主要为政务电子地图库、地名地址库。互联网地理信息系统平台初步形成了平台与各部门专业信息系统、各专业信息系统之间的信息交换和共享机制，政务地理空间共享数据库中除包括基础空间数据外，还包括各部门业务专题空间数据。在此基础上，综合应用空间地理信息与专题信息，能更好地为政府部门领导决策提供综合信息支持，提高电子政务应用水平。

1. 政务电子地图库建设

政务电子地图库在基础影像与数字线划库的基础上进行生产建设，删除部分测绘专业要素，增加一些具有普遍共享性的政务公共信息，形成标准的政务基础地理底图数据。政务电子地图库主要依托市地理信息系统现有数据、数字线划数据成果和部分政务专题图层数据进行建设，包含 1∶500、1∶1 000、1∶2 000、1∶5 000、1∶10 000、1∶5万、1∶10万、1∶25万、1∶50万等多个比例尺，为政府各部门应用提供基础电子地图底图支持。主要内容一般包括政务版电子地图、遥感影像图、关注点数据库。

政务电子地图库的范围一般为全市，数据精度为市区1∶500，外围1∶2 000，县(市)1∶1万。同时全市范围提供1∶5万、1∶10万、1∶25万的各级电子地图。

影像数据主要包括各年度、各精度的遥感影像数据。例如，GeoEye影像，0.5 m分辨率，规划区范围；IKONOS影像，1 m分辨率，规划区范围；等等。

2. 地名地址库建设

地名地址库主要包括两个层次的内容：① 地名，含主要地名、住宅小区、邮编、区县名称、标志性建筑、单位名、道路名等；② 门楼牌地址，含门牌地址、楼牌号等内容。

通过标准地址和对应的空间坐标，将带有地址名称的信息与空间信息进行整合，完成对非空间的经济社会信息的分析、统计、管理、制图和可视化表示等的空间化操作，提供地址文字与地理空间位置信息的双向检索功能，为各部门快速、灵活构建适用于本部门和行业管理的专题地理图层提供服务。

3. 政务专题图层建设

政务专题图层主要包含政府管理部门规划、管理、决策和服务中所需要的、可共享的政务地理信息资源，如政务机关、学校、消防设施、医疗机构、宾馆酒店、农村、建筑工地、水利设施等专业图层。政务专题图层数据是专门反映业务管理特征的地理信息，按照“权威数据来自权威部门，权威部门负责更新维护，信息办提供技术支撑，共建共享”的原则进行建设。各类政务专题图层在电子地图与标准地址数据库基础上，利用先进的地址匹配技术进行制作，可提交成果数据。

4. 元数据库和目录数据库建设

为了有效地对各类信息进行管理，通过建立元数据库和目录数据库来管理有关各类信息库中的数据。目录是记录互联网地理信息系统平台所有信息资源结构和属性的数据体系。信息资源结构为树状目录结构，展现信息资源之间的相互关系。信息资源属性则描述了资源的管理属性，包括来源、去向、版本等，用于控制和管理资源。按照项目的元数据标准规范数据库相关联的元数据采集，建立元数据库；按照项目的相应要素类及实体分类方案、编目标准等建立目录数据库。元数据库和目录数据库是本项目实现信息共享和交换的基础。

（1）元数据库。元数据库的内容与地理信息资源数据库相对应。各元数据库之间并非完全独立，在部分内容上存在相互引用、继承、扩展等关系，这种关系可通过建立统一的元数据标准来建设、管理和维护，进而实现分布式、异构式数据库内的数据管理、数据发现、数据转换、数据交换和数据应用。

（2）目录数据库。目录数据库以元数据为基础，遵循互联网地理信息系统平台制定的地理信息资源目录体系规则，构建资源记录信息导入信息资源目录树中，从而建立可供共享利用的目录数据库。资源记录信息应包括资源标识和内容方面的描述元数据、资源获取和应用方面的元数据、资源安全和资源分类方面的元数据等。目录结构是树形结构，采用基于轻量目录访问协议（lightweight directory access protocol，LDAP）的数据存储方式。目录数据库用于采集、存储、使用和管理信息资源目录内容，通过元数据信息的定位和发现机制，为用户发现、检索和开发利用信息资源提供服务，从而实现信息资源的共享。

5. 数据更新维护策略

针对互联网地理信息系统平台管理的地理信息数据类型、来源和用途不同，结合市地理信息资源的现状和互联网地理信息系统平台的定位，对不同地理信息资源类型采取不同的手段进行更新，包含的数据及其策略如下。

（1）数字矢量地图（digital line graph，DLG）的更新维护。作为大比例尺数字矢量地图的主要更新和维护的专业业务部门，市级测绘部门的数字矢量地图数据可作为互联网地理信息系统平台基础地理空间框架的构成部分。

（2）遥感影像数据的更新维护。通过卫星或航空摄影获得遥感影像数据是快速获取地理空间数据，构成基础底图的手段。根据国土、规划等专业部门和部分委办局的业务需求调研结果，以及市气候条件特点，拟定每年或定期采购高分辨率卫星遥感或航空摄影影像图。在实际工作中，对重点核心区域也可结合工作需要，几个月或动态按需增加卫星遥感影像的采购或增加高分辨率航空影像的采集，以保持数据现势性。

遥感影像数据的更新工作一般由政府测绘部门组织。更新工作采用空间数据管理系统进行管理，利用遥感影像服务接口和栅格地图图片引擎服务提供应用支持。

（3）政务电子地图数据的更新维护。由市级测绘部门组织对政务电子地图进行更新。道路、水系、绿地、建筑物等基础地理信息数据更新主要依据政府测绘部门每年提交的数字矢量地图数据，同时结合遥感影像和政务专题信息图层信息，补充社会人文经济信息，构成政务电子地图数据。根据需要，政务电子地图数据可每年更新一次。

(4)政务专题图层数据的更新维护。政务专题图层数据的更新可采取多种手段,遵循谁主管谁维护的原则。

——委办局自行制作提交。如委办局已经自行制作了图层数据，首先需要委办局按照《政务大数据体系建设及政务信息化项目建设指南》进行重新分类分层，确定可共享的图层属性字段，并把字段名称统一用中文表示，填写元数据项。然后进行数据格式转换、坐标转换等工作，通过数据交换平台（或离线方式）提交到数据中心，由数据中心维护人员负责入库发布。对于带有地址字段的表格，委办局也可利用平台提供的地址比对服务，进行比对，生成政务专题图层。委办局自行进行数据质量检查和保证后，提交结果给信息办。

——利用互联网地理信息系统平台提供的数据更新审核系统。通过已建的互联网地理信息系统平台，将业务数据上传至数据中心后进行对比验证，并在数据更新审核系统中发布，由委办局对数据进行修改审核，完成后，可进入政务地理信空间数据库。

政务专题图层数据的更新由各委办局按照规定的更新周期进行更新,政务专题图层数据成果由空间数据管理系统管理。

(5)地址编码数据的更新维护。地址数据按关注点、地名、街道、门楼牌等层级进行管理,依托市民政局进行关注点、地名、街道数据的更新维护工作,依托市公安局进行门楼牌数据的更新维护工作,按季度更新提交。

(6)栅格地图图片数据的更新维护。根据政务电子地图的更新周期及遥感影像数据的更新周期,依据栅格地图制图方案,定期进行栅格地图图像数据的更新。更新采用栅格地图图像制作管理工具进行。

参考文献

陈应东,崔铁军,卢战伟,2008. 基于SOA的空间信息服务架构模式[J]. 地理信息世界,12(6):49-52,72.

高军,陈君,唐秀明,等,2022. 深入浅出计算机网络:微课视频版[M]. 北京:清华大学出版社.

龚健雅,杜道生,李清泉,等,2004. 当代地理信息技术[M]. 北京:科学出版社.

龚健雅,李德仁,2008. 论地球空间信息服务技术的发展[J]. 测绘通报(5):5-10.

谷建鑫,仇建伟,2005. 基于Petri网的工作流模型[J]. 计算机工程与设计,2(26):513-515.

郭婧,张立朝,王科伟,2007. 基于ArcGIS Server构建地理信息服务[J]. 测绘科学,32(3):91-93.

郭玲玲,2004. 基于Ontology的政务信息资源交换与共享平台及其关键技术研究[D]. 北京:北京大学.

郭明武,彭清山,李黎,2012. ArcGIS Server中地图瓦片实时在线局部更新方法研究[J]. 测绘通报(2):35-38.

郭仁忠,林浩嘉,贺彪,等,2020. 面向智慧城市的GIS框架[J]. 武汉大学学报(信息科学版),45(12):1829-1835.

郭仁忠,刘江涛,彭子凤,等,2012. 开放式空间基础信息平台的发展特征与技术内涵[J]. 测绘学报,41(3):323-326.

韩文艳,熊永兰,张志强,2021. 美国信息通信产业近20年发展态势分析及启示[J]. 世界科技研究与发展,43(2):149-168.

黄宇,付琨,吴一戎,等,2009.基于概率的复杂目标图像语义推理模型[J]. 武汉大学学报(信息科学版),34(9):1043-1046.

贾文钰,2005. 分布式GIS服务链集成关键技术[D]. 武汉:武汉大学.

靖常峰,2008. GIS服务链模型研究及基于工作流技术的实现[D]. 杭州:浙江大学.

马劲松,2008. 地理信息系统概论[M]. 北京:高等教育出版社.

李成名,刘晓丽,印洁,等,2013. 数字城市到智慧城市的思考与探索[J]. 测绘通报(3):1-3.

李德仁,胡庆武,2007. 基于可量测实景影像的空间信息服务[J]. 武汉大学学报(信息科学版),32(5):377-380,418.

李德仁,黄俊华,邵振峰,2008. 面向服务的数字城市共享平台框架的设计与实现[J]. 武汉大学学报(信息科学版),33(9):881-885.

李德仁,邵振峰,2009. 论新地理信息时代[J]. 中国科学:信息科学(6):579-587.

李德仁,王泉,2009. 基于时空模糊本体的交通领域知识建模[J]. 武汉大学学报(信息科学版),34(6):631-635.

李德仁,龚健雅,邵振峰,2010. 从数字地球到智慧地球[J]. 武汉大学学报(信息科学版),35(2):127-132.

李德仁,钱新林,2010. 浅论自发地理信息的数据管理[J]. 武汉大学学报(信息科学版),35(4):379-383.

李德仁,王艳军,邵振峰,2012. 新地理信息时代的信息化测绘[J]. 武汉大学学报(信息科学版),37(1):1-6.

李满春,高月明,2004. 基于工作流和GIS的土地利用规划管理信息系统体系结构研究[J]. 现代测绘(5):3-5.

李伟,陈毓芬,邓毅博,2013. 以人为本的地图服务用户体系模型构建[J]. 测绘通报(2):34-37.

李治洪,2011. WebGIS原理与实践[M].北京:高等教育出版社.

刘军志,宋现锋,汪超亮,等,2008. 基于OGC WPS的遥感图像分布式检索系统研究[J]. 地理与地理信息科学,24(4):1-5.

刘小波,王玉宽,李明,2021.国土空间开发适宜性评价的理论、方法与技术应用[J]. 地球信息科学学报,23(12):2097-2110.

龙凤鸣,李成名,袁学旺,2012. 面向任务的GIS服务应用研究[J]. 测绘通报(10):92-95.

卢勇东,杜思宏,庄典,等, 2021. 数字和智慧时代BIM与GIS集成的研究进展:方法、应用、挑战[J].建筑科学,37(4):126-134.

罗安,王艳东,龚健雅,2011.顾及上下文的空间信息服务组合语义匹配方法[J].武汉大学学报(信息科学版),36(3):368-372.

木啸林,牛坤龙,蔡世荣,等, 2022. 开源网络地理信息系统的技术体系与研究进展[J]. 计算机工程与应用,58(15):37-51.

乔朝飞,2013. 大数据及其对测绘地理信息工作的启示[J]. 测绘通报(1):107-109.

曲扬,2004. 基于Petri网的工作流建模和分析方法研究[D]. 北京:清华大学.

史云飞,李霖,张玲玲,2009. 普适地理信息框架及其核心内容研究[J]. 武汉大学学报(信息科学版),34(2):150-153.

宋关福,卢浩,王晨亮,等,2020.人工智能GIS软件技术体系初探[J]. 地球信息科学学报,22(1):76-87.

宋现锋,刘军志,2010. QoS支持下的GIS服务链最优化问题研究[J]. 电子科技大学学报,39(2):298-301,315.

孙隆祥,张成成,方驰宇,2012. 基于服务元数据的资源注册中心设计与实现[J]. 测绘科学,37(2):155-157.

孙雨,李国庆,2009. 基于OGC WPS标准的处理服务实现研究[J]. 计算机科学,36(8):86-88.

王华敏,边馥苓,2004. 基于微工作流的可扩展GIS模型研究[J]. 武汉大学学报(信息科学版),29(2):127-131.

VAN DER AALST W,VAN HEE K,2004. 工作流管理——模型、方法和系统[M]. 王建民,闻立杰,等,译.北京:清华大学出版社.

汪斌强,邬江兴,2009.下一代互联网的发展趋势及相应对策分析[J]. 信息工程大学学报,10(1):1-6,17.

王家耀,2022.关于地理信息系统未来发展的思考[J]. 武汉大学学报(信息科学版),47(10):1535-1545.

王韬,刘云刚,2022.地图与制图术:国际批判制图学/GIS研究进展[J].地理科学进展,41(6):1097-1108.

王艳军,2012. 数字城市多尺度地理数据库构建及在线联动更新[D]. 武汉:武汉大学.

王艳军,李朝奎,2014. 多尺度城市地理数据在线联动更新研究[J]. 测绘科学,39(10):48-52.

王艳军,路立娟,2016. 国土资源管理中典型地理信息服务链应用研究[J]. 测绘通报(9):38-42.

王艳军,路立娟,李朝奎,2014.面向服务架构的智慧旅游信息系统的设计与实现[J]. 测绘通报(9):108-111.

王艳军,邵振峰,2012. 面向服务的地理信息公共平台关键技术研究[J]. 测绘科学,37(3):160-162.

王艳军,邵振峰,慎于蓝,2011.面向服务架构的空间参考系统共享框架的设计与实现[J]. 测绘通报(6):22-24.

王艳军,邵振峰,慎于蓝,2012.基于工作流引擎的空间信息服务链半透明构建技术研究[J]. 测绘通报(3):26-28.

王艳军,徐狄军,李丹农,等,2013. 面向服务架构的地理要素在线更新[J]. 测绘通报(6):41-44.

武昊,廖安平,彭舒,2012. 面向服务契约的地理信息Web服务自适应集成方法研究[J]. 测绘通报(1):74-77.

邬伦,张晶,唐大仕,等,2001. 基于Web GIS的体系结构研究[J]. 地理学与国土研究(4):20-24.

吴文君,姚海鹏,黄韬,等,2017.未来网络与工业互联网发展综述[J]. 北京工业大学学报,43(2):163-172.

吴信才,2004. 新一代MapGIS[J]. 地理信息世界(2):3-7.

吴信才,郭玲玲,白玉琪,2001. WebGIS开发技术分析与系统实现[J]. 计算机工程与应用(5):96-99.

徐佳沅,文薪荐,王思敏,等,2020.一站式地理大数据智能化平台构建[J]. 测绘通报(12):132-137.

徐开明,吴华意,龚健雅,2008. 基于多级异构空间数据库的地理信息公共服务机制[J]. 武汉大学学报(信息科学版),33(4):402-404.

杨慧,盛业华,温永宁,等,2009. 基于Web Services的地理模型分布式共享方法[J]. 武汉大学学报(信息科学版),34(2):142-145.

杨小玲,甘文勇,杨隆浩,等,2013. 基于Web Services的旅游信息集成技术[J]. 福州大学学报(自然科学版),41(2):178-181.

杨盈,陈学业,2010. 对改进规划国土地理信息系统的几点思考[J]. 测绘通报(7):53-55.

易明华,何忠焕,2009. 基于SOA的空间地理信息共享研究[J]. 测绘与空间地理信息,32(6):102-104.

俞成海,曾焕凯,宋瑾钰,2013. 基于LBS技术的旅游信息服务系统的设计和实现[J]. 浙江理工大学学报,30(2):228-231.

余晓晖,2009.发展趋势:移动互联网的发展机遇和对策[J].中国通信,6(1):9-15.

张康聪,2006.地理信息系统导论[M].3版.北京:科学出版社.

张胜,康志伟,2006. 基于.NET技术的WebGIS系统的设计与实现[J]. 计算机工程,32(15):106-108.

张维,2012. 基于Flex与ArcGIS Server的WebGIS研究与实现[D]. 南昌:东华理工大学.

张新,胡晓东,魏嘉伟,2019.基于云计算的地理信息服务技术[J]. 计算机科学,46(S1):532-536.

张训虎,朱辉,陈秋伟,2012. 三维地理信息系统在城市规划领域应用研究[J]. 北京测绘(3):1-4.

张瑜,2011. 基于Flex和ArcGIS Server的WebGIS设计与研究[D].南京:南京林业大学.

赵珊,郭建忠,成毅,等,2008. 基于UDDI扩展的地理空间信息网格注册中心设计[J]. 测绘信息与工程,33(2):36-38.

郑佳佳,赵军,2009. 滁州市不可移动文物管理信息系统设计和实现[J]. 地理空间信息,7(5):45-47.

诸云强,冯敏,宋佳,等,2009. 基于SOA的地球系统科学数据共享平台架构设计与实现[J]. 地球信息科学学报,11(1):1-9.

ANNONI A, CRAGLIA M, EHLERS M, et al, 2011. A european perspective on digital earth [J]. International Journal of Digital Earth, 4(4):271-284.

BASIRI A, LINES T, PEREIRA M F, 2023. Scalable 3D mapping of cities using computer vision and signals of opportunity [J]. International Journal of Geographical Information Science, 37(7):1470-1495.

CHEN N C, DI L P, YU G N, et al, 2010.Geo-processing workflow driven wildfire hot pixel detection under sensor web environment [J].Computers & Geoscience, 36(3):362-372.

CHEN N C, GONG J Y, CHEN Z Q, 2007. A high precision OGC web map service retrieval based on capability aware spatial search engine [C]//Proceedings of the 2nd international conference on Advances in computation and intelligence.Berlin:Springer-Verlag:558-567.

COUCLELIS H, 2010. Ontologies of geographic information [J]. International Journal of Geographical Information Science, 24(12):1785-1809.

CRAGLIA M, DE BIE K, JACKSON D, et al, 2012. Digital earth 2020:towards the vision for the next decade[J]. International Journal of Digital Earth, 5(1):4-21.

ELWOOD S, 2008. Grassroots groups as stakeholders in spatial data infrastructures:challenges and opportunities for local data development and sharing[J]. International Journal of Geographical Information Science, 22(1): 71-90.

FAGERHOLM N, RAYMOND C M, OLAFSSON A S, et al, 2021. A methodological framework for analysis of participatory mapping data in research, planning, and management [J]. International Journal of Geographical Information Science, 35(9):1848-1875.

GOODCHILD M F, 2007. Citizens as voluntary sensors:spatial data infrastructure in the world of Web 2.0[J]. International Journal of Spatial Data Infrastructures Research, 2(2):24-32.

CRAGLIA M, de BIE K , JACKSON D J, et al, 2012. Digital Earth 2020:towards the vision for the next decade [J]. International Journal of Digital Earth, 5(1):4-21.

GRUBER T R, 1995. Toward principles for the design of ontologies used for knowledge sharing [J]. International Journal of Human-Computer Studies, 43(5-6):907-928.

HAGENAUER J, HELBICH M, 2022. A geographically weighted artificial neural network [J]. International Journal of Geographical Information Science, 36(2):215-235.

LI Z L, YANG C W, WU H Y, et al, 2011. An optimized framework for seamlessly integrating OGC Web Services to support geospatial sciences[J]. International Journal of Geographical Information Science, 25(4):595-613.

LUTZ M, KLIEN E. 2006. Ontology-based retrieval of geographic information [J]. International Journal of Geographical Information Science, 20(3):233-260.

MOHAMMADI H, RAJABIFARD A, WILLIAMSON I P, 2010. Development of an interoperable tool to facilitate spatial data integration in the context of SDI [J]. International Journal of Geographical Information Science, 24(4):487-505.

PENG Z R, 2005. A proposed framework for feature-level geospatial data sharing:a case study for transportation network data[J]. International Journal of Geographical Information Science, 19(4):459-481.

PURVES R S, CLOUGH P, JONES C B, et al, 2007. The design and implementation of SPIRIT:a spatially aware search engine for information retrieval on the Internet [J]. International Journal of Geographical Information Science, 21(7):717-745.

RICHARDSON L, RUBY S, 2007. RESTful Web services[M]//GONCALVES A.Beginning Java™ EE 6 platform with GlassFish™ 3.California: O'Reilly Media:451-484.

SALASIN J, MADNI A M, 2007. Metrics for service-oriented architecture (SOA) systems:what developers should know[J]. Journal of Integrated Design and Process Science, 11(2):55-71.

STOCK K M, ATKINSON R, HIGGINS C, et al, 2010. A semantic registry using Feature Type Catalogue instead of ontologies to support spatial data infrastructures [J]. International Journal of Geographical Information Science, 24(2):231-252.

STOCK K, JONES C B, RUSSELL S, et al, 2022. Detecting geospatial location descriptions in natural language text [J]. International Journal of Geographical Information Science, 36(3):547-584.

STUDER R, BENJAMINS V R, FENSEL D, 1998. Knowledge engineering:principles and methods [J]. Data & Knowledge Engineering, 25(1-2):161-197.

WANG X, GU W, ZIEBELIN D, et al, 2010. An ontology-based framework for geospatial clustering [J]. International Journal of Geographical Information Science, 24(11):1601-1630.

YANG C, RASKIN R, 2009. Introduction to distributed geographic information processing research[J]. International Journal of Geographical Information Science, 23(5):553-560.

YUE P, DI L P, YANG W L, et al, 2009. Semantic web services-based process planning for earth science applications [J]. International Journal of Geographical Information Science, 23(9):1139-1163.

ZHANG C R, LI W D, 2005. The roles of web feature and web map services in real-time geospatial data sharing for time-critical applications[J]. Cartography and Geographic Information Science, 32(4):269-283.

ZHANG C R, ZHAO T, LI W D, OSLEEB J P, 2010. Towards logic-based geospatial feature discovery and intergration using web feature service and geospatial semantic web [J]. International Journal of Geographical Information Science, 24(6):903-923.

ZHANG Z H, SONG Y Z, LUO P, et al, 2023. Geocomplexity explains spatial errors [J]. International Journal of Geographical Information Science, 37(7):1449-1469.